Gestão de idéias para inovação contínua

B236g   Barbieri, José Carlos.
           Gestão de idéias para inovação contínua / José Carlos Barbieri,
        Antonio Carlos Teixeira Álvares, Jorge Emanuel Reis Cajazeira. – Porto
        Alegre : Bookman, 2009.
           134 p. : il. ; 25 cm.

           ISBN 978-85-7780-333-0

           1. Administração de empresas. I. Álvares, Antonio Carlos Teixeira.
        II. Cajazeira, Jorge Emanuel Reis.

                                                                    CDU 658

Catalogação na publicação: Renata de Souza Borges – CRB-10/Prov-021/08

Gestão de idéias para inovação contínua

José Carlos Barbieri
Antonio Carlos Teixeira Álvares
Jorge Emanuel Reis Cajazeira

bookman®

2009

© Artmed Editora S.A., 2009

Capa: Rogério Grilho
Preparação do original: André de Godoy Vieira
Supervisão editorial: Arysinha J. Affonso
Projeto gráfico e editoração eletrônica: TIPOS design editorial

Reservados todos os direitos de publicação, em língua portuguesa, à
ARTMED® EDITORA S.A.
Av. Jerônimo de Ornelas, 670 - Santana
90040-340 Porto Alegre RS
Fone (51) 3027.7000 Fax (51) 3027.7070

É proibida a duplicação ou reprodução deste volume, no todo ou em parte,
sob quaisquer formas ou por quaisquer meios (eletrônico, mecânico, gravação,
fotocópia, distribuição na Web e outros), sem permissão expressa da Editora.

SÃO PAULO
Av. Angélica, 1091 - Higienópolis
01227-100 São Paulo SP
Fone (11) 3665.1100 Fax (11) 3667.1333

SAC 0800 703-3444

IMPRESSO NO BRASIL
PRINTED IN BRAZIL

Autores

José Carlos Barbieri
É mestre e doutor em Administração. É professor do Departamento de Administração da Produção e Operações da Escola de Administração de Empresas de São Paulo da Fundação Getulio Vargas (FGV/EAESP-POI) desde 1992. Foi professor em renomadas instituições de ensino superior como a Universidade Federal do Mato Grosso do Sul, a Pontifícia Universidade de São Paulo e o Instituto de Ensino Superior Eurípides Soares da Rocha de Marília. Como pesquisador do Instituto de Pesquisas Tecnológicas do Estado de São Paulo (IPT) desenvolveu atividades nas áreas de Sistemas de Informações, Propriedade Industrial e Transferência de Tecnologia. Desenvolve pesquisas nas áreas de gestão do meio ambiente e da inovação, tendo participado como pesquisador e coordenador de diversos projetos de pesquisas sobre estas temáticas. Fundador e atual coordenador do Centro de Estudos de Gestão Empresarial e Meio Ambiente da EAESP, foi também membro da comissão do Inmetro para criação de normas para certificação de sistemas de responsabilidade social. Participa de comitês científicos de diversas revistas e congressos científicos nacionais e internacionais, bem como de várias agencias de fomento. É autor de livros, capítulos de livros e dezenas de artigos sobre inovação e gestão ambiental publicados no Brasil e em diversos países. É membro do Forum de Inovação da FGV/EAESP.

Antonio Carlos Teixeira Álvares
É professor da Escola da Administração de Empresas de São Paulo, da Fundação Getúlio Vargas, desde 1974. Cursou Engenharia Mecânica de Produção na Escola Politécnica da USP, formando-se em 1969, e concluiu seu curso de pós-graduação em Administração de Empresas, área de concentração Administração Contábil

e Financeira em 1973 na EAESP/FGV. É membro do Fórum FGV Inovação, desde a sua criação, em 2000. Seus interesses de pesquisa envolvem humanização da produção, estratégia industrial, inovação e análise de investimentos. É autor de diversos artigos sobre inovação e transferência de tecnologia publicados no Brasil e em diversos países. Desde 1978 é Diretor Superintendente da Brasilata S.A. Embalagens Metálicas, desde 2004 é Presidente do Sindicato da Indústria de Estamparia de Metais do Estado de São Paulo e desde 2007 é membro do Conselho Superior de Competitividade da FIESP.

Jorge Emanuel Reis Cajazeira
É engenheiro mecânico pela UFBA, mestre e doutorando pela FGV-EAESP. Executivo da área de competitividade da Suzano, empresa em que trabalha desde 1992, foi eleito pela revista *Exame* em 2005 como um dos quatro executivos mais inovadores do Brasil. Foi *experto* nomeado pela ABNT para a redação das normas ISO 9001 e ISO 14001, coordenou a criação da norma NBR 16001 – Responsabilidade Social e presidiu a comissão do Inmetro para criação de um sistema nacional para certificação socioambiental. Em 2004 foi eleito o primeiro brasileiro a presidir um comitê internacional da ISO, o *Working Group on Social Responsibility* (ISO 26000). Foi presidente do CEMPRE (Compromisso Empresarial para a Reciclagem). É membro do comitê de critérios da Fundação Nacional da Qualidade, onde atua também como coordenador do comitê de inovação e ativos intangíveis.

Agradecimentos

Em primeiro lugar, gostaríamos de agradecer à Escola de Administração de Empresas de São Paulo da Fundação Getúlio Vargas (FGV/EAESP) pelo apoio à realização da pesquisa que resultou neste livro. Em particular, agradecemos à GV Pesquisa, na pessoa do prof. Peter K. Spink, e ao Fórum de Inovação da EAESP, graças ao qual nos ocorreu pesquisar a geração de idéias e no âmbito do qual seus achados e proposições foram amplamente discutidos, contribuindo para aclarar dúvidas e aprofundar análises. Agradecemos também às seguintes pessoas e organizações:

Ao prof. Marcos Augusto de Vasconcellos, coordenador do Fórum de Inovação, pela confiança e estímulo com que nos brindou e pelo prefácio que engrandece esta obra.

Aos professores do Departamento de Administração da Produção e Operações da EAESP, que discutiram conosco diversos aspectos desta pesquisa e prestigiaram nosso trabalho.

Às empresas que abriram suas portas para que pudéssemos, como anatomistas, dissecar seus sistemas de sugestões. Nesse particular, nosso reconhecimento à Brasilata S. A, à WEG, à Suzano Papel e Celulose e à Siemens. Queremos agradecer especialmente a Floriscéia Santos e Polliane Dionor Santos, da Suzano Papel e Celulose S. A.

A Marilivia de Barri, coordenadora do sistema de sugestões da Brasilata, e a Darci Nunes de Oliveira, ambas sempre atentas e cordiais, e também a Leandro Lima, da Equipe de Sistemas da Brasilata.

Ao engenheiro Jaime Richter, diretor de Marketing e Recursos Humanos da WEG, a quem reiteramos nossa mais sincera gratidão e a estendemos a toda a sua equipe – em especial, Relms Benevenutti, que à época da pesquisa chefiava o CCQ da empresa, Sandra de Assis e Orlando Junkes.

A Antonio Carlos Gomes e Luiz Felipe M. A. L. de Moraes, pelas informações que nos forneceram sobre o sistema 3i da Siemens de São Paulo, e ao grande amigo Lino Sidney Gaviolli, gerente de Logística da Siemens, com quem muito aprendemos sobre a vida e sobre nossas organizações.

A Gabriel L. C. J. Teixeira, aluno da FGV/EAESP à época de nossa pesquisa, que deu uma inestimável contribuição como monitor de pesquisa. Jamais poderíamos deixar de lembrar o apoio dado por nossas abnegadas colegas da EAESP: Luciana Gaia, Leonice Cunha, Flávia Jorge Canellas, Vera Lucia Mourão, Marcia Ostorero, Daniela Mansur, Isolete Rogeski Barradas e Luciana Maria dos Santos. Estendemos nossos agradecimentos a todos as pessoas que tivemos o prazer de conhecer em função da pesquisa e que trouxeram os esclarecimentos que procuramos transmitir neste livro.

Por fim, prestamos nossa homenagem a todos os inventores anônimos que com suas idéias contribuem para melhorar nosso mundo. É sobretudo a eles que dedicamos esta obra.

Prefácio

O foco da presente obra são os sistemas de sugestões e sua importância para a geração sistemática de idéias, com a conseqüente produção de todos os tipos de inovações. Partindo daí, os autores procuram demonstrar que os personagens principais das organizações inovadoras são as pessoas. São elas que apresentam idéias, compartilham conhecimento, constituem o ambiente inovador e, em última análise, conduzem o *processo de inovação*.

Essa afirmação pode ser melhor entendida a partir dos conceitos discutidos no Fórum de Inovação da EAESP/FGV, indicados a seguir.

A organização inovadora

A organização inovadora não é aquela em que as inovações ocorrem esporadicamente. Como observa Drucker, "a inovação sistemática consiste na busca deliberada e organizada de mudanças, e na análise sistemática das oportunidades que tais mudanças podem oferecer para a inovação econômica ou social"[1]. Logo, podemos definir a organização inovadora como aquela em que a inovação é realizada de maneira sistemática. Em outras palavras, a organização inovadora é permeada por um *processo contínuo e permanente de produção de inovações*, inovações essas que podem ser de qualquer natureza – de produto, processo, gestão ou negócios.

De acordo com o Fórum de Inovação, a inovação é definida pela seguinte equação:

$$\text{inovação} = \text{idéia} + \text{implementação} + \text{resultados},$$

de modo que ela está condicionada à presença dos três termos do segundo membro da equação. Ou seja, à falta de um deles, não há inovação.

Assim sendo, o processo de inovação em uma organização tem início com a produção de idéias, podendo apoiar-se em um adequado sistema de sugestões que estimule a participação de todas as pessoas.

A geração de idéias

O Capítulo 2 deste livro apresenta os *programas ou sistemas de sugestões* e esclarece serem duas as abordagens dominantes. A primeira – que podemos chamar de *sistema ocidental* – tem como característica básica a busca de idéias geniais, estimuladas por recompensas econômicas. A segunda – sistema japonês ou *teian* – visa à contribuição de todos os funcionários para a melhoria e o bem-estar da organização.

O *teian* é parte integrante da estratégia *kaizen* de aperfeiçoamento contínuo, que pode ser dividida em três segmentos: *kaizen* orientado para a administração, para o grupo e para a pessoa[2]. O primeiro segmento envolve gerentes e profissionais; o segundo, os membros dos Círculos de Controle de Qualidade; o terceiro inclui necessariamente todas as pessoas, e seu sistema de apoio é o programa de sugestões.

A Japan Human Relations Association (JHRA) é enfática a esse respeito: "o mais importante objetivo do *kaizen* é a participação dos empregados"[3]. Barbieri e Álvares vão mais além: "as idéias são subprodutos do sistema de sugestões; o 'produto' é a participação das pessoas, com a conseqüente melhoria do ambiente interno, que favorece também a contínua inovação por parte da Organização"[4].

Pessoas

A importância da participação das pessoas é ressaltada por autores de diferentes campos de estudo da área de administração.

Expressando o ponto de vista do comportamento organizacional, Tosi *et al.* apontam as Organizações de Alto Envolvimento (*High Involvement Organizations* – HIO) como um meio cada vez mais utilizado para promover a motivação dos empregados e melhorar o desempenho da própria organização. Suas raízes estão no movimento pela Qualidade de Vida no Trabalho (QVT). (...) "Podem usar uma série de práticas administrativas, começando pela Tomada de Decisão Participativa"[5].

Com base em evidências acumuladas em pesquisas realizadas desde os anos 1970 sobre o "trabalho em si", O'Toole e Lawler III concluem que "ambos – empresas e empregados – se beneficiam quando duas condições estão presentes:

- todos os empregados participam das decisões que afetam seu próprio trabalho; e

- todos os empregados participam dos ganhos financeiros resultantes de suas idéias e esforços"[6].

Harman e Hormann seguem essa mesma linha de raciocínio, ao afirmar que "existem amplas evidências de que *as pessoas procuram basicamente atividades e relacionamentos significativos*. Os seres humanos prosperam, não à base de prazeres fáceis, mas diante de desafios (...). Buscam, em última instância,

> "o significado e não o conforto; um trabalho criativo, e não a inatividade. (...) Portanto, apesar de o pleno emprego não ser mais necessário do ponto de vista da produção, a plena participação é essencial do ponto de vista social"[7].

A mesma ênfase é encontrada no movimento pela qualidade e produtividade, como o demonstram os seguintes exemplos de posicionamento:

- Ishikawa: "Controle de Qualidade é responsabilidade de todos os trabalhadores e de todas as divisões"[8].
- Liker e Meier: "O Sistema Toyota baseia-se na premissa de que as pessoas desejam melhorar o ambiente de trabalho e de que as contribuições de todos os empregados proporcionam melhoramento contínuo no longo prazo"[9].
- Dertouzos *et al.*: "Empresas com as melhores práticas têm reconhecido que as melhorias em termos de qualidade e flexibilidade exigem níveis de comprometimento, responsabilidade e conhecimento, por parte da força de trabalho, que não podem ser obtidos por compulsão ou aperfeiçoamentos cosméticos nas políticas de Recursos Humanos. (...) Educação para competência tecnológica é crucial para alavancar a produtividade das empresas americanas. Vemos uma oportunidade sem precedentes nas novas tecnologias para capacitar os trabalhadores, em todos os níveis, a contribuir para a excelência do seu próprio ambiente de trabalho"[10].

Em seu artigo "Somos todos inovadores", Margareth Wheatley é taxativa: "A participação não é opcional. (...) Os líderes têm de reconhecer a capacidade inata das pessoas para adaptar e criar – para inovar. (...) Não lhes resta outra opção senão convidá-las a participar dos processos de decisão"[11].

Os defensores das "Organizações que Aprendem" apresentam pontos de vista convergentes com os anteriores:

- para Arie de Geus, "a empresa 'econômica' é uma abstração que pouco tem a ver com a realidade da vida corporativa. A ênfase no lucro e na maximização do valor para o acionista ignora as duas forças que agem hoje sobre as empresas: a mudança para o conhecimento como fator crucial de produção, e o mundo em constante mudança que cerca a empresa. (...) Portanto, qualquer empresa precisa desenvolver a capacidade de migrar e mudar, de desenvolver novas habilidades e atitudes – em resumo, a capacidade de aprender"[12].

- "(...) Isto nos dá um imperativo completamente diferente para o sucesso corporativo. Empresa bem-sucedida é aquela que pode efetivamente aprender. (...) Sob essa definição, as pessoas são muito mais fundamentais para a empresa. Afinal, o conhecimento está na mente das pessoas. Da ótica do aprendizado, o desenvolvimento das pessoas e o desenvolvimento do capital se reforçam mutuamente. (...) O cerne da natureza das empresas, seu coração, é sua existência como uma comunidade de trabalho contínuo – em resumo, como uma **empresa viva**, que aprende."[13]
- Peter Drucker foi provavelmente pioneiro ao afirmar que "a Organização Inovadora requer um ambiente de aprendizado por toda a empresa. Cria e mantém um aprendizado contínuo. Ninguém tem permissão de se considerar 'pronto', em qualquer época. O aprendizado é um processo contínuo para todos os membros da Organização"[14].

Depreende-se, portanto, que as pessoas não são meros "recursos de produção" nem devem ser relegadas ao papel de "pacientes" ou "vítimas" das mudanças organizacionais. Elas são, isto sim, as detentoras do conhecimento e podem – devem – ser os efetivos agentes de mudança.

Conhecimento

Conhecimento é a matéria-prima fundamental do processo de inovação.

Já na década de 1960, Drucker reconhecia o conhecimento como "o principal fator de produção em uma economia avançada, desenvolvida"[15], o que reafirmou em *A sociedade pós-capitalista*: "As atividades centrais de criação de riqueza não serão nem a alocação de capital nem a 'mão-de-obra'. Hoje o valor é criado pela Produtividade e pela Inovação, que são aplicações do conhecimento ao trabalho"[16].

Corroborando Drucker, Nonaka e Takeushi afirmam que "o sucesso das empresas japonesas não se deve a fatores como excelência na manufatura, acesso a capital barato, relação cooperativa com terceiros, emprego para toda a vida e outras práticas de gestão de recursos humanos – embora todos eles sejam claramente importantes. Em vez disso, as empresas japonesas têm obtido sucesso graças à sua habilidade e *expertise* na **criação de conhecimento organizacional**, o que significa a capacidade de uma empresa, como um todo, criar novos conhecimentos, disseminá-los por toda a organização e incorporá-los em produtos, serviços e sistemas. Essa é a chave para a produção contínua de inovações"[17].

Acrescentam os autores que, "para a efetiva criação de conhecimento, é necessário reconhecer que o conhecimento pode ser tanto *explícito* como *tácito*. O conhecimento *explícito* é formal e sistemático; pode ser expresso em palavras e números, bem como facilmente comunicado e compartilhado. Já o conhecimento *tácito* é altamente pessoal e difícil de formalizar, tornando difícil sua comunicação ou compartilhamento com outros"[18].

Para Krogh *et al.*, "a criação de novos conhecimentos começa pelo conhecimento tácito individual. Logo, o conhecimento tácito constitui a mais importante fonte de inovação, ainda que muitas vezes subutilizado e difícil de ser captado no processo produtivo"[19]. O desafio é, em vez de ignorá-lo, estimular e fazer brotar esse conhecimento. A efetiva criação de conhecimento depende, pois, da existência de um contexto que estimule o florescimento do conhecimento tácito[20].

Barbieri e Álvares apontam como conseqüências da promoção do conhecimento "o compartilhamento de experiências nos locais de trabalho, sua transformação em conhecimentos tácitos, e daí em conhecimentos explicitados, primeiro com propostas ou idéias formuladas por escrito, depois pelas atividades de avaliação, implementação e documentação, gerando novas experiências e novos conhecimentos tácitos"[21].

Meio inovador interno

A expressão *meio inovador interno*, cunhada por Barbieri e Álvares, foi adotada pelo Fórum de Inovação para designar o contexto que envolve todo o processo de inovação e que inclui a liderança e intenção estratégica da organização, sua capacidade de interpretar e interagir com o ambiente externo, sua predisposição para firmar alianças, os modelos de gestão e a cultura organizacional[22].

Como ressaltado por Álvares *et al.*, "manter um ritmo constante de inovações não é tarefa fácil, uma vez que as inovações, sejam tecnológicas ou organizacionais, se dão mediante processos complexos, pois envolvem diferentes atividades realizadas por diferentes pessoas, dentro e fora da empresa, formando redes de relações interpessoais"[23]. O sucesso das inovações depende do modo como se desenvolvem essas relações, o que é determinado pelas características do meio inovador interno.

Algumas dessas características, evidenciadas pelos estudos do Fórum de Inovação, incluem gestão participativa, flexibilidade, valorização da aprendizagem, confiança, enfrentamento aberto de conflitos, tolerância ao erro, liberdade de opinião e expressão, entre outras que tornam o ambiente interno um bom lugar para trabalhar[24]. O comprometimento e a motivação são estimulados por esse meio inovador, pois as pessoas percebem que seu valor na empresa é reconhecido, e que o reconhecimento pelo trabalho é sempre coletivo.

Em síntese, os sistemas de sugestões, quando conduzidos de modo adequado, contribuem positivamente para a geração de idéias, o envolvimento e a participação de todos no processo de inovação, a criação e o compartilhamento de conhecimentos, a sustentação de um meio inovador interno e, por conseguinte, o florescimento contínuo de toda espécie de inovações, sejam elas incrementais ou de ruptura.

Não por acaso, os três autores deste livro – José Carlos Barbieri, Antônio Carlos Teixeira Álvares e Jorge Emanuel Reis Cajazeira – têm em comum trajetórias de vida marcadas pelo comprometimento com o desenvolvimento das pessoas, a sustentabilidade e a responsabilidade social.

Marcos Augusto de Vasconcellos
Professor da FGV/EAESP desde 1972.
Criador do SIMPOI e seu coordenador desde 1988.
Fundador e coordenador do Fórum de Inovação da FGV/EAESP.
Consultor de empresas.

Sumário

Introdução 17

1 Idéias, invenções e inovações 21
Geração de idéias em diferentes modelos de inovação 24
Fontes de idéias 30
Geração de idéias 33

2 Programas ou sistemas de sugestões 41
Abordagens dominantes 44
Críticas e objeções 50

3 Projeto Simplificação 53
A empresa 53
O sistema de sugestões 55
A gestão do sistema de sugestões 66
Celebrações 71

4 Círculos de Controle da Qualidade   73
A empresa   73
O sistema de sugestões   75
A gestão do sistema de sugestões   78
Celebrações   81

5 Programa de Inovação e Criatividade – Click   83
A empresa   83
O sistema de sugestões   85
Gestão do sistema de sugestões   85
Idéias com retorno financeiro mensurável   87
Idéias com retorno financeiro não mensurável   91

6 Novos tipos de sistemas de sugestões   99
Convivência de sistemas diferentes   103
Inovações incrementais × inovações radicais   104
Problemas típicos   108
Propriedade industrial   112

7 Considerações finais   117

Referências   121

Outras referências consultadas   131

Índice   133

Introdução

A geração de idéias constitui uma das preocupações principais das organizações que elegeram a inovação como elemento fundamental de sua estratégia competitiva. Em vista disso, aqueles que trabalham na organização podem se tornar importantes fontes de idéias, desde que haja condições e meios adequados para tanto. Criados com essa finalidade, os sistemas de sugestões obtiveram destaque no passado, sendo objeto de muitos estudos, a maioria dos quais produzida pelo *movimento da qualidade*. A partir dos anos 1990, no entanto, os estudos dedicados a esses sistemas caíram consideravelmente, apesar da grande quantidade de empresas que continuaram a adotá-los, sobretudo as que mais se destacavam e destacam como inovadoras em seus respectivos ramos de negócio. No presente momento, esse tema volta a despertar interesse, agora sob as novas e mais amplas perspectivas trazidas pela gestão do conhecimento.

O primeiro capítulo deste livro apresenta uma discussão a respeito dos termos *idéia*, *sugestão*, *invenção* e *inovação*. As organizações que consideram as inovações instrumentos privilegiados de suas estratégias competitivas devem estar preparadas para a criação e gestão de um dos principais insumos dos processos de inovações: as idéias. Com base nisso, apresentamos diversos modelos de inovação com ênfase no papel das idéias, bem como das suas principais fontes. Apresentamos também uma abordagem para estimular e captar idéias baseadas em métodos de desenvolvimento de criatividade e de resolução criativa de problemas, como o *brainstorming*, a sinética e o pensamento lateral. Na maioria das vezes, esses métodos destinam-se a profissionais ligados a atividades inovadoras específicas, a exemplo dos que atuam em P&D, desenvolvimento de produtos e processos e pesquisa de mercado.

O Capítulo 2 discute uma outra abordagem para a geração de idéias: os programas ou sistemas de sugestões voltados para captar idéias de todos os funcionários – tema central deste livro. O capítulo trata da origem desses sistemas e apresenta uma revisão bibliográfica sobre o assunto. Como observação preliminar, vale notar que os sistemas de sugestões surgem no final do século XIX, mas só a partir de meados do século passado se tornam populares, principalmente a partir do que ficou conhecido como movimento da qualidade. Essa é uma das razões por que estiveram afastados da literatura dominante sobre inovação tecnológica. Outra razão, de ordem quantitativa, é que, quando uma organização gera um número pequeno de idéias, não só os esforços para geri-las são insignificantes, como elas próprias deixam de atrair o interesse da comunidade acadêmica. Contudo, quando o número de idéias chega à casa dos milhares por mês, faz-se necessário refletir sobre a melhor maneira de gerenciá-las. É em relação a situações como essas que a literatura existente tem dado poucas contribuições. E esse foi o motivo que nos levou a escrever este livro.

Como afirmamos, embora as idéias constituam um dos principais insumos das inovações, a literatura acadêmica predominante sobre inovação tecnológica e gestão da inovação, por ter centrado sua atenção nas inovações radicais, não atribuiu maior relevância aos sistemas de sugestões, haja vista estarem associados às inovações incrementais. O fato de essa literatura preocupar-se basicamente com as inovações radicais acarreta duas conseqüências relativamente às fontes de idéias: associa inovações radicais a idéias geniais e idéias geniais a pessoal técnico especializado. Como mostraremos adiante, tal entendimento demonstra certa miopia. Veremos que as referências bibliográficas sobre os sistemas de sugestões acham-se concentradas na literatura produzida pelo Movimento da Qualidade. Nesse segundo capítulo são discutidas as características básicas de duas diferentes abordagens baseadas nessa literatura, apresentando para cada uma as principais questões de ordem administrativa, ou seja, as que se referem ao *modus operandi* e aos critérios de desempenho.

Com base nessas questões, realizou-se uma pesquisa em três empresas brasileiras reconhecidas como inovadoras, que apresentam sistemas de sugestões diferentes em suas concepções e no seu processo de gestão, mas todas com elevado desempenho e passíveis de se constituir em *benchmark* nas suas respectivas tipologias. Os resultados dessa pesquisa estão relatados no terceiro, quarto e quinto capítulos. Eles mostram, para cada sistema de sugestões estudado, a origem, a integração com o modelo geral de gestão da empresa, o processo de gestão e os resultados obtidos. Uma importante contribuição dos sistemas de sugestões para as empresas estudadas é a manutenção de um meio inovador interno capaz de sustentar um ritmo intenso de inovações, algo fundamental para as empresas que desejam ser inovadoras.

A pesquisa em apreço alcançou resultados surpreendentes, obrigando-nos a revisar a teoria analisada no segundo capítulo. Assim, ao incluir novas considerações observadas nos casos estudados, verificou-se que a tipologia dos sistemas de sugestões apresentada inicialmente não dava conta dos achados da pesquisa.

Assim, foi elaborada uma nova tipologia de sistemas de sugestões mais adequada aos avanços da moderna gestão empresarial decorrentes da sociedade do conhecimento e da conseqüente valorização dos ativos intangíveis, dentre eles o próprio meio inovador interno. Os casos estudados também possibilitaram rever conceitos importantes, como os modelos de inovação tratados inicialmente, trazendo contribuições relevantes para o debate sobre as inovações incrementais e seu papel na sustentação da competitividade empresarial. O Capítulo 6 trata também dos principais problemas para implantar e gerir sistemas de sugestões de alto desempenho e integrados com a gestão global da empresa, além de conter recomendações de ordem prática extraídas dos casos de sucesso analisados. Dentre esses problemas estão os relacionados à combinação de diferentes sistemas de sugestões, à manutenção do seu vigor ao longo do tempo e à apropriação dos conhecimentos em decorrência da legislação de propriedade industrial.

O capítulo final apresenta nossas considerações finais sobre o debate relativo às idéias e aos modelos de inovação. Acreditamos que uma importante contribuição deste livro seja retomar o estudo dos sistemas de sugestões sob uma nova perspectiva. Como dito anteriormente, os sistemas de sugestões estiveram ligados ao movimento da qualidade e pouca atenção receberam dos estudiosos da inovação. Aqui, contudo, procuramos tratá-los justamente sob a ótica da inovação, ou seja, como fontes de inovação e, portanto, como fator de renovação e competitividade das organizações.

Idéias, invenções e inovações

A geração de idéias constitui uma das preocupações principais das organizações que procuram realizar inovações de modo sistemático. Com efeito, a inovação pode ser entendida como o processo pelo qual as idéias portadoras de novidades se tornam realidade. O termo idéia apresenta significados diferentes conforme a orientação filosófica de quem o utiliza. No presente texto, ele será empregado para indicar um objeto do pensamento, bem como sua representação ou forma. Nesse sentido, uma idéia se expressa mediante opinião, ponto de vista, noção, conhecimento ou qualquer outro meio capaz de representar a concepção mental de algo concreto ou abstrato. Por idéia não se entende unicamente a representação mental de um objeto existente, mas também uma possibilidade ou a antecipação de algo, como observa Dewey. Para esse filósofo, a idéia surge como uma sugestão, ainda que nem toda sugestão seja uma idéia. A sugestão passa a ser idéia quando examinada relativamente à sua possibilidade de resolver uma dada situação[25]. No entanto, há quem a considere uma idéia explicitada, comunicada[26], a princípio ocorrendo à mente de uma pessoa, que depois a comunica, pela fala ou por escrito, a outras pessoas. Não faremos aqui distinção entre esta e aquela, ou seja, os termos idéia e sugestão serão empregados como sinônimos e entendidos como constituintes do processo de invenção e inovação.

A invenção é o processo de desenvolvimento de uma nova idéia[27]; é uma idéia ou sugestão elaborada que se apresenta na forma de planos, fórmulas, modelos, protótipos, descrições e outros meios que permitam registrá-la e comunicá-la. A idéia é o embrião da invenção, e entre uma e outra há diferentes etapas a serem cumpridas, constituindo o que se denomina atividade inventiva. A atividade inventiva caracteriza-se como um trabalho criativo cujo resultado se apresenta nas formas supramencionadas. Segundo Thomas Alvas Edson, responsável por mais de mil invenções patenteadas, "o gênio consiste em 1% de inspiração e 99% de transpiração". Também se atribui a ele a seguinte frase: "Não há substituto para o trabalho duro"*. Edson queria com isso dizer que o desenvolvimento de uma invenção requer a execução de múltiplas atividades, como pesquisas bibliográficas em documentos técnico-científicos, delineamento e realização de experimentos em diferentes situações, registros de dados, análises, comparações, revisões, reformulações, etc., até que se possa encontrar aquilo que a idéia antecipara como uma possibilidade.

A inovação, dentro do contexto organizacional, é a invenção efetivamente incorporada aos sistemas produtivos; em termos gerais, é a introdução de uma nova idéia. O processo de inovação diz respeito à seqüência temporal de eventos por meio dos quais as pessoas interagem a fim de desenvolver e implementar suas idéias inovadoras em um contexto institucional[28]. Trata-se da invenção e de sua exitosa exploração: enquanto a invenção envolve todos os esforços para criar novas idéias e elaborá-las de modo que possam ter utilidade prática, a exploração refere-se aos estágios de desenvolvimento comercial, aplicação e transferência, incluindo a focalização da idéia da invenção em objetivos específicos, a avaliação desses objetivos, transferências de conhecimentos da pesquisa para os setores produtivos, entre outras atividades[29]. Sob tal perspectiva, a inovação consiste no uso de novos conhecimentos para a oferta de novos produtos e serviços que os consumidores desejem, podendo ser resumida na fórmula invenção + comercialização[30]. Há quem prefira destacar os resultados esperados das inovações, definindo-as como novas idéias + ações ou implementações que resultem em melhorias, ganhos ou lucros para a empresa[31]. Esse é também o entendimento do Fórum de Inovação da FGV/EAESP, como mostrado no Prefácio deste livro.

Não há inovação que não tenha partido de uma idéia. Como afirmam Freeman e Soete, a inovação é um processo que começa nas mentes de pessoas imaginativas[32]. Não é por outra razão que os modelos de inovação sempre fazem alguma referência às fontes de idéias em alguma fase do processo de inovação, como demonstram os modelo de inovação representados pelas Figuras 1.1 e 1.2. A expectativa é de que surjam muitas idéias e de que elas possibilitem à organização dispor de opções de escolha reais e compatíveis com seus objetivos. Em geral, esses modelos pressupõem que a geração de idéias faça parte da fase inicial do processo de inovação e que, tão logo selecionada uma idéia segundo os critérios da organização, as fases seguintes sejam dedicadas ao aperfeiçoamento da idéia escolhida, até que ela possa ser lançada comercialmente, sendo que entre uma fase e outra haverá uma decisão do tipo continua/não continua (*go/no go*). Essa, contudo, é uma visão por demais simplista e não corresponde à realidade dos verdadeiros processos de inovação.

---

* Expressões atribuídas a Thomas Alva Edson (1847-1931) e constantes de suas diversas biografias. Por não se encontrarem em obras escritas pelo autor, acredita-se que tenham sido proferidas em entrevistas a seus biógrafos.

Idéias, invenções e inovações 23

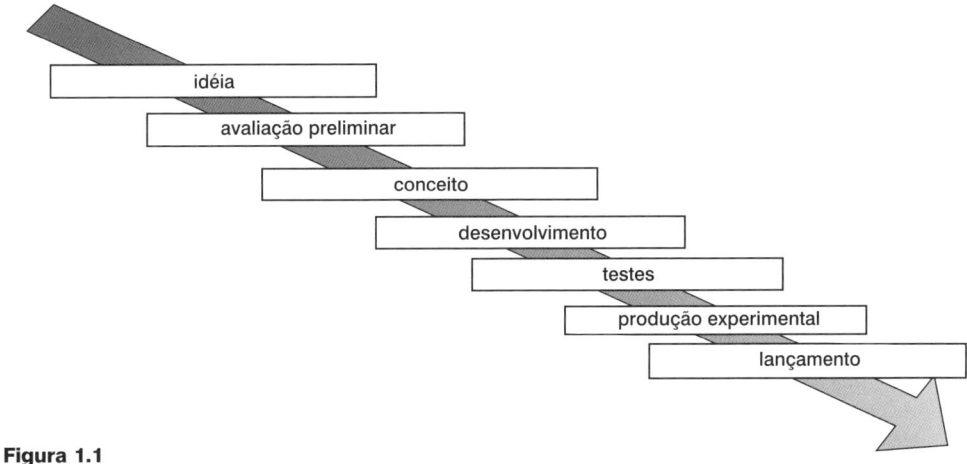

Figura 1.1
Idéias e inovação: modelo de inovação de sete fases de Cooper.
Fonte: Cooper, 1986, p. 48.

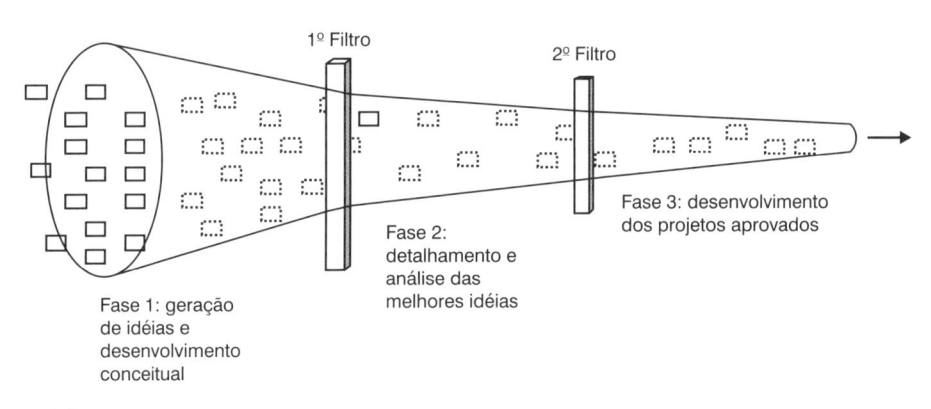

Figura 1.2
Processo de inovação: modelo do funil.
Fonte: Clark e Wheelwright, 1993, pp. 306-7.

Via de regra, qualquer processo de inovação parte de uma idéia inicial, à qual vão se agregando outras idéias no decorrer do tempo, como ilustra a Figura 1.3. Nela observamos o modelo de inovação baseado no conceito do funil adotado pela 3M, uma empresa que faz questão de ser reconhecida como inovadora.

Como podemos ver, as idéias fazem parte de todas as fases do projeto, donde é possível concluir que a inovação é um processo permeado de idéias em todas as suas etapas. Mesmo depois de finalizado o projeto de inovação e de concluído exitosamente seu objeto, novas idéias irão acompanhá-lo no sentido de aperfeiçoá-lo ao longo de seu ciclo de vida.

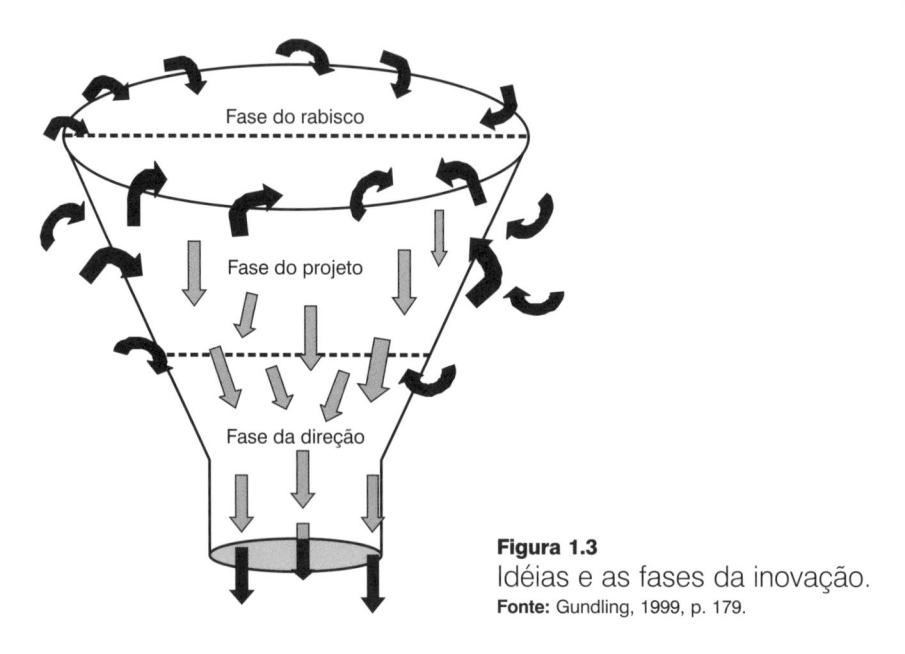

Figura 1.3
Idéias e as fases da inovação.
Fonte: Gundling, 1999, p. 179.

Geração de idéias em diferentes modelos de inovação

A literatura sobre gestão da inovação apresenta um viés marcado pela busca de idéias geniais que resultem em inovações com elevado grau de novidade – por muitos denominadas *inovações radicais*. Em parte, isso se deve ao fato de que a transformação da inovação como função empresarial seguiu *pari passu* a institucionalização da P&D no âmbito organizacional, processo esse verificado a partir do início do século passado e acentuado no pós-guerra. Desse modo, as oportunidades tecnológicas decorrentes do avanço das atividades de P&D tornaram-se fontes privilegiadas de idéias. Tal entendimento foi profundamente reforçado pelo modelo linear de inovação – influenciado pelo famoso relatório de 1945 de Vannevar Bush –, em que as inovações são estimuladas pelo fluxo de conhecimentos desencadeados pelas pesquisas básicas. Conceber a pesquisa básica como precursora do progresso tecnológico, uma das premissas desse relatório, endossaria a crença, muito comum na comunidade científica, de que os progressos científicos serão utilizados na prática mediante um fluxo contínuo que vai da ciência à tecnologia[33]. Esse modelo de inovação, conhecido como *science push* (Figura 1.4, item a), atribuiu importância desmesurada aos especialistas engajados em atividades de P&D e à literatura técnica (artigos, relatórios de pesquisas, documentos de patentes, etc.) como fontes de idéias para as inovações.

Uma outra visão do processo de inovação, diametralmente oposta à do modelo linear, procurou dar ênfase às questões relacionadas à demanda (Figura 1.4, item b). Esse modelo surge a partir dos trabalhos realizados na década de 1960, os quais evidenciavam a enorme influência das condições de mercado

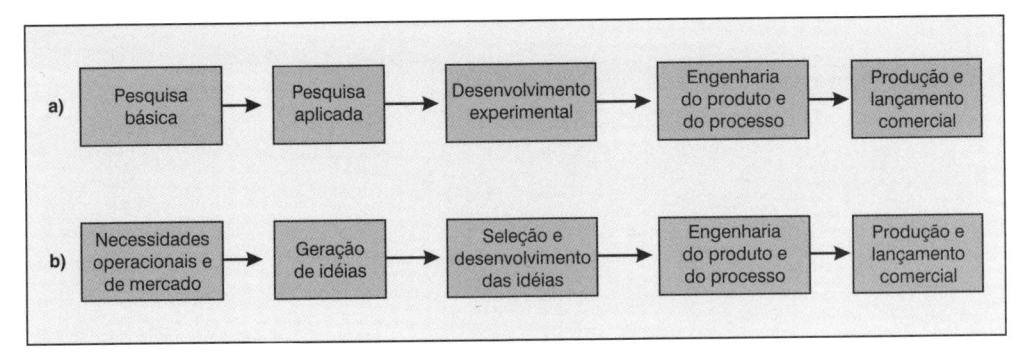

Figura 1.4
Modelos lineares de inovação.

como geradores de idéias para as inovações[34]. Essa abordagem também concebia a inovação como um processo linear unidirecional, mas desencadeado pelas necessidades do setor produtivo, sendo por isso denominado modelo linear reverso ou *demanda pull*. Esse modo de entender a inovação valorizou os especialistas em perscrutar as vozes do mercado como fontes de idéias, bem como os próprios consumidores ou usuários.

As inovações tecnológicas envolvem uma síntese entre necessidades de mercado e oportunidades técnicas. Nesse sentido, um processo de inovação de alta qualidade deve levar em conta – antes de iniciadas as demais fases de desenvolvimento de novos produtos – tanto o mercado quanto as oportunidades tecnológicas[35]. O entendimento de que as idéias decorrem tanto das carências do mercado quanto das oportunidades tecnológicas identificadas em atividades de P&D levou à necessidade de contemplar os dois modelos supracitados[36]. A Figura 1.5 apresenta um modelo desse tipo, conhecido como *modelo combinado*, em que as idéias estão presentes em todos as fases do processo de inovação e são estimuladas tanto pelos conhecimentos científicos e tecnológicos acumulados, atendendo à abordagem *science push*, quanto pelos problemas e oportunidades mercadológicas e operacionais, atendendo à abordagem *demanda pull*.

Os modelos de inovação representados por um funil, mostrados anteriormente, podem ser considerados modelos combinados, pois neles as idéias ocorrem em todas as fases do processo, como mostra a Figura 1.6. Considerando as inovações de um modo geral, sejam elas radicais ou incrementais, as idéias iniciais, que metaforicamente entram pela boca do funil, surgem em função de dois motivos básicos, a saber:

- problemas, necessidades e oportunidades nas áreas de produção e comercialização que ocorrem tanto na própria empresa quanto no seu ambiente geral; e

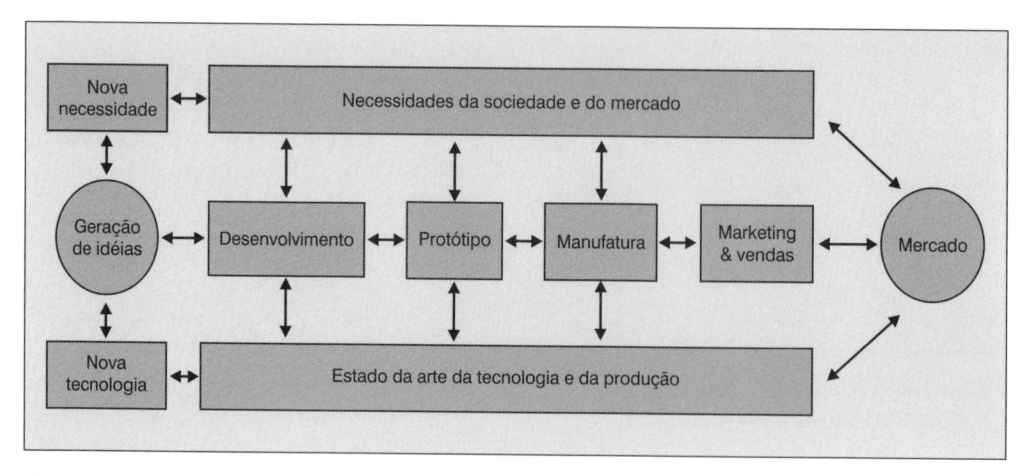

Figura 1.5
Modelo de inovação linear combinado.
Fonte: Rothwell, 1992, p. 222.

- oportunidades vislumbradas com a ampliação dos conhecimentos científicos e tecnológicos.

A partir das idéias iniciais que desencadeiam um processo específico de invenção e inovação, novas idéias vão sendo estimuladas em função das características, necessidades e desafios de cada etapa ou fase desse processo. No final,

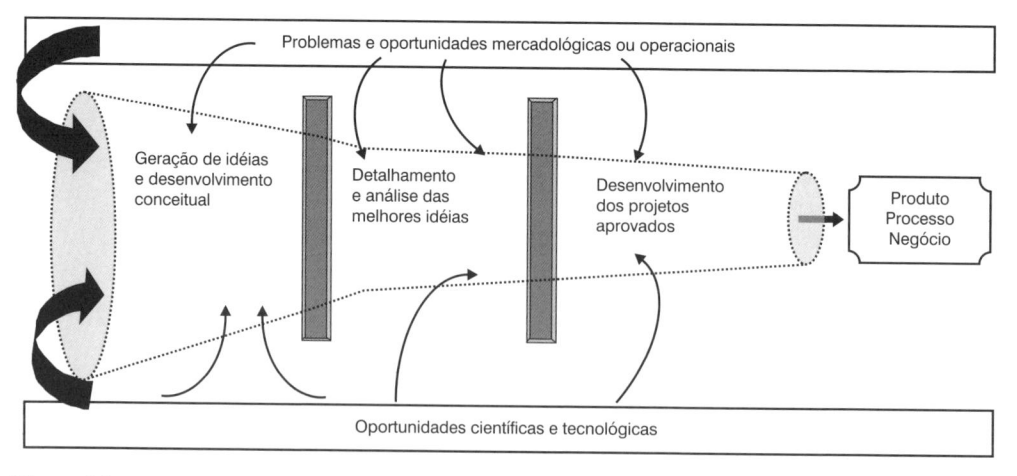

Figura 1.6
O modelo de inovação linear combinado: outra versão.
Fonte: Combinação do modelo do funil (Figuras 1.2 e 1.3) com o modelo de Rothwel (Figura 1.5).

muitas delas terão sido geradas e avaliadas segundo critérios que se diferenciam conforme a fase do processo, e as aprovadas serão implementadas. Talvez a melhor metáfora para o processo de inovação, de acordo com o modelo combinado, não seja o funil, já que transmite a idéia equivocada de que só há uma entrada para as idéias, a boca do funil. A imagem de um rio caudaloso, como ilustra a Figura 1.7, é mais adequada, pois, embora tenha como nascente alguns pequenos olhos d'água, no seu percurso ele vai recebendo afluentes e subafluentes de ambas as margens, os quais vão engrossando seu caudal até desaguar no oceano. Uma das margens do rio representa as necessidades sociais e de mercado, e a outra, o estado da arte do conhecimento; o oceano é o mercado ou a sociedade aos quais as inovações se dirigem.

A compreensão do processo de inovação se deu de maneira paulatina, gerando modelos explicativos como os comentados. Esses modelos passaram a ser vistos também como integrantes de uma geração de modelos. Do ponto de vista das idéias como fontes de inovações, a primeira geração, representada pelo modelo linear *science push*, enfatiza as idéias científicas e tecnológicas produzidas, ressaltando as atividades de P&D. A segunda geração, representada pelo modelo linear *demanda pull*, enfatiza as idéias voltadas à solução de problemas ou à captação de oportunidades mercadológicas ou operacionais. Já o modelo de terceira geração combina os elementos dos dois modelos lineares de modo balanceado, entendendo que ambos são igualmente importantes como desencadeadores dos processos de invenção e inovação. Antes de tudo, corrige a visão simplista dos dois primeiros modelos, mas continua apresentando uma visão linear. Em suma, a inovação decorre de uma seqüência de atividades que tem início com a apresentação de idéias iniciais.

Figura 1.7
A inovação vista como um rio e seus afluentes.

A quarta geração de modelos de inovação baseia-se na realização de atividades diferenciadas sobrepostas no tempo. A Figura 1.8 representa esse modelo usando grandes blocos de atividades. Em vez de seqüências, a inovação é concebida como atividades que, por apresentar elevada interação entre si, criam simultaneidades e paralelismos, deixando pressupor que a comunicação entre os diferentes profissionais envolvidos deva ser bastante fluida. As idéias do pessoal interno, bem como dos fornecedores, clientes e outras fontes, permeiam todas as etapas, que devem ser executadas com elevada sintonia[37].

Essa maneira de conceber o processo de inovação, em que produto e processo são idealizados e desenvolvidos de modo interativo, reduz os conflitos entre os profissionais envolvidos nas diferentes atividades que o compõem, graças a um intenso esforço de articulação. Para implementá-la, faz-se necessário uma nova organização do trabalho que favoreça tanto a interação multifuncional de pessoas com atuação em diferentes atividades – como desenvolvimento de produto, engenharia de processo, produção, *marketing*, compras – quanto, conforme o caso, o envolvimento de pessoal dos fornecedores e clientes. Esse modelo pressupõe que a organização pratique uma gestão capaz de promover a integração funcional. As idéias devem fluir em todas as fases com mais desenvoltura.

Uma das vantagens desse modo de realizar as inovações é o encurtamento do tempo e a redução do custo total do processo de inovação, como exemplificado

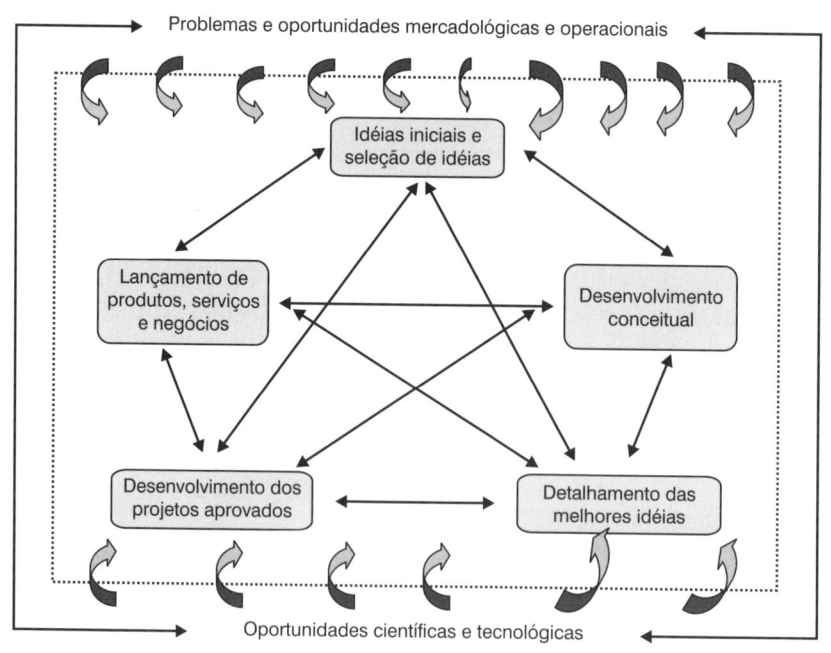

Figura 1.8
Modelo de inovação não-seqüencial.

na Figura 1.9. Os problemas que surgem são identificados e resolvidos com mais rapidez, mediante a execução de atividades com alto grau de interação entre os responsáveis por elas. Nas atividades seqüenciais, não raro os problemas identificados em determinada fase exigem revisões por parte do pessoal que atuou nas fases anteriores, acarretando atrasos e custos financeiros. Essas idas e vindas, ou retornos, estão representadas na Figura 1.5 pelas setas de dupla direção ligando as atividades do processo de inovação, embora não ocorram apenas entre atividades adjacentes. De modo que talvez seja necessário retornar ao início do processo, por exemplo, a fim de rever os aspectos conceituais do produto. Ademais, essas demoras afetam o *timing* do lançamento do produto ou serviço ou da implantação do novo processo. A revisão do que já feito não raro encontra os profissionais envolvidos com outros projetos que também têm seus prazos geralmente apertados, precisando, pois, disputar prioridade com os trabalhos do momento.

O modelo de inovação de quinta geração baseia-se na formação de redes de organizações diversas em que se desenvolvem diferentes formas de intercâmbios, como acordos para a realização de P&D cooperativo, uso compartilhado de bancos de dados, licenciamentos cruzados e parcerias com objetivos múltiplos. Há uma intensificação das interações entre diferentes agentes, formando um ambiente de alta conectividade entre empresas, associações de empresas, instituições de pesquisa, órgãos governamentais e entidades da sociedade civil. A sincronia e o paralelismo entre as diferentes etapas dos processos de inovação são decisivos e devem ser expandidos para o conjunto das instituições envolvidas, requerendo,

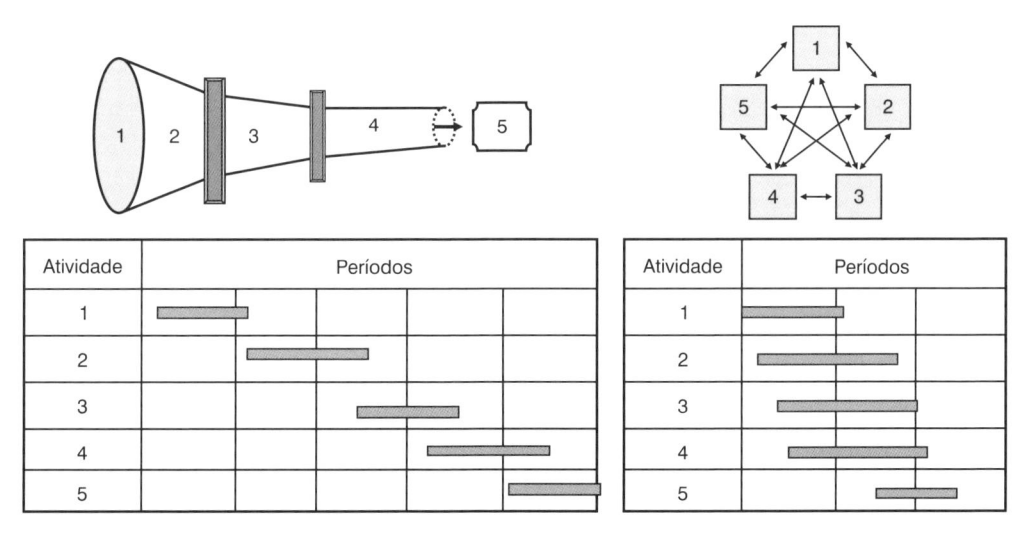

Figura 1.9
Modelo de inovação seqüencial × modelo não-seqüencial.

para tanto, vínculos fortes que permitam gerir um fluxo intenso de informações e conhecimentos de natureza variada. Em qualquer um desses modelos de inovação, as fontes de idéias que desencadeiam processos de inovação são elementos fundamentais. Da primeira para a quinta geração de modelos de inovação verifica-se a ampliação crescente das fontes de idéias, exigindo, pois, um esforço crescente para gerenciá-las enquanto bens intangíveis que representam as matérias-primas das invenções e inovações. Todos esse modelos consideram que as idéias podem ser estimuladas por diferentes meios ao alcance dos administradores.

Fontes de idéias

É sabido que, em um processo de inovação, nem todas as idéias geradas são aproveitadas. Muitos estudos apontaram esse fato, que se tornou conhecido graças a um artigo, publicado em 1968 pela empresa de consultoria Booz, Allen & Hamilton, no qual era apresentada uma curva de declínio ou decaimento das idéias, resultado da rejeição progressiva de idéias e projetos ao longo dos estágios de um processo de desenvolvimento de novos produtos. O artigo mostrava que, das 58 idéias aventadas, apenas uma havia sobrevivido às avaliações das distintas fases do processo de inovação[38]. Stevens e Burley destacam que para muitas indústrias são necessárias 3 mil idéias em estado inicial (*raw ideas*) para se obter um novo produto de significativo sucesso comercial – a "jóia da coroa", conforme o denominam os autores. Todavia, no caso de inovações que representem extensões da linha de produtos, esse número pode ser menor. Já para a indústria farmacêutica, seriam necessárias de 6 a 8 mil idéias iniciais para se alcançar um sucesso comercial. Steven e Burley representam o processo de inovação como uma curva de sucesso na qual o número de idéias vai declinando à medida que elas avançam para os estágios mais próximos do lançamento comercial[39]. O que leva a esse declínio é o fato de que a idéia em seu estado inicial precisa ser aperfeiçoada em conformidade com inúmeros condicionantes organizacionais, tecnológicos e mercadológicos. Por isso, gerar idéias em grande quantidade torna-se importante para as empresas de cuja estratégia competitiva faz parte a inovação constante.

A identificação de fontes de idéias para inovações é parte significativa do processo de inovação. As idéias sobre produtos, processos e negócios, novos ou modificados, provêm de fontes externas e internas à organização, como exemplificado no Quadro 1.1. Clientes, fornecedores, concorrentes, feiras de negócios, instituições de pesquisas, revistas técnicas e documentos de patentes são exemplos de fontes externas. Já as fontes internas advêm do próprio pessoal da organização e podem ser divididas nos seguintes grupos: dirigentes; trabalhadores especialmente alocados em atividades inovadoras, como os que atuam em pesquisa industrial, desenvolvimento do produto e pesquisa de mercado; e trabalhadores com outras atribuições, como vendedores, compradores, operários e técnicos administrativos. É para estes que os sistemas de sugestões foram concebidos.

Quadro 1.1
Fontes de idéias e exemplos

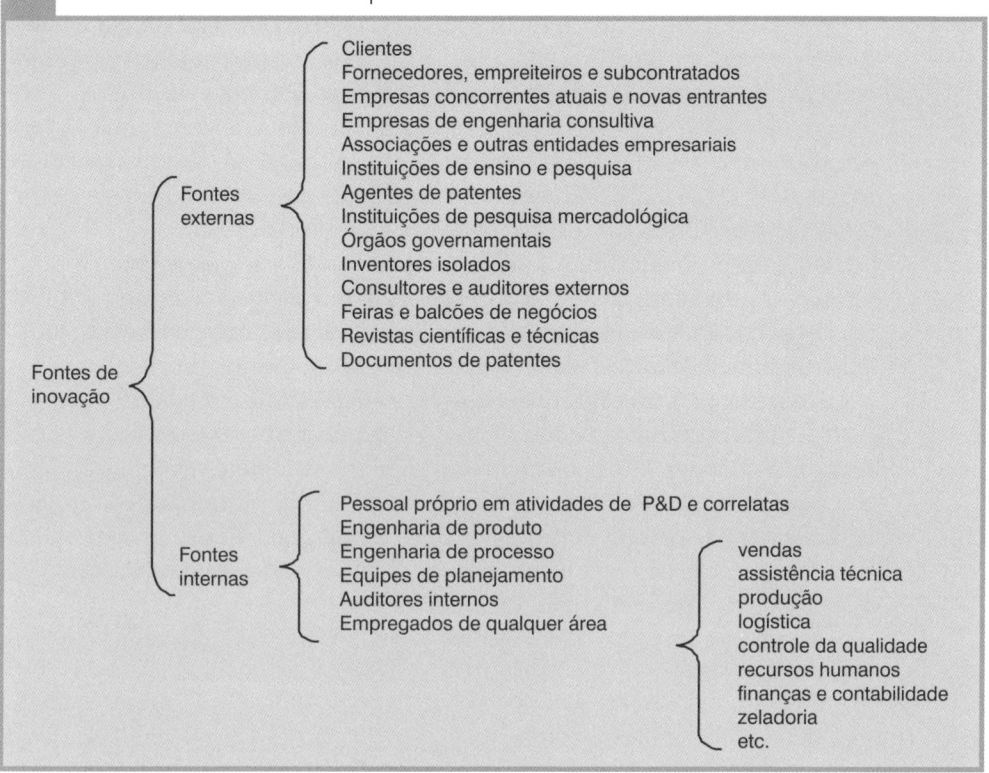

Fontes de inovação:

- **Fontes externas**
  - Clientes
  - Fornecedores, empreiteiros e subcontratados
  - Empresas concorrentes atuais e novas entrantes
  - Empresas de engenharia consultiva
  - Associações e outras entidades empresariais
  - Instituições de ensino e pesquisa
  - Agentes de patentes
  - Instituições de pesquisa mercadológica
  - Órgãos governamentais
  - Inventores isolados
  - Consultores e auditores externos
  - Feiras e balcões de negócios
  - Revistas científicas e técnicas
  - Documentos de patentes

- **Fontes internas**
  - Pessoal próprio em atividades de P&D e correlatas
  - Engenharia de produto
  - Engenharia de processo
  - Equipes de planejamento
  - Auditores internos
  - Empregados de qualquer área
    - vendas
    - assistência técnica
    - produção
    - logística
    - controle da qualidade
    - recursos humanos
    - finanças e contabilidade
    - zeladoria
    - etc.

Um estudo sobre as inovações radicais de grandes empresas apontou que as melhores fontes de idéias haviam sido, em ordem decrescente, os engenheiros e cientistas da unidade de P&D, os consumidores finais, os consumidores imediatos, os engenheiros e outros profissionais envolvidos nas atividades operacionais e os gerentes de produtos. Em relação às inovações incrementais, as fontes mais importantes continuam sendo o pessoal da unidade de P&D, seguido pelos gerentes de produtos e, por último, pelos consumidores[40]. West, ao referir-se a essa questão, apresenta diversas fontes de idéias, que ele denomina fontes de informação e que devem ser exploradas nos processos de inovações, cada qual com suas características, como mostra o Quadro 1.2[41]. Tomando em consideração apenas o pessoal interno técnico e o não-técnico, vale notar que eles se diferenciam em quatro categorias, igualando-se apenas em termos de acesso e objetividade. As instituições de pesquisa, por atuar normalmente como um difusor de novas soluções técnicas, apresentam-se com baixa singularidade. A organização inovadora precisa considerar as mais variadas fontes de inovação, pois cada uma pode contribuir a seu modo para o sucesso de sua política de inovação. Por isso, não se justifica o silêncio em torno dos sistemas de sugestões observado na literatura especializada em inovação.

Os clientes constituem fontes de idéias fundamentais, uma vez que a inovação só se completa quando aceita pelo mercado. No caso de empresas produtoras de bens de consumo de massa, os fabricantes podem encontrar dificuldades para ter acesso às idéias, críticas e sugestões dos consumidores finais, já que estes adquirem seus produtos por intermédio dos canais de distribuição. Como mostra o Quadro 1.2, o volume de consumidores é elevado, mas, pelo fato de estarem dispersos, é baixo o acesso a eles e alto o custo para alcançá-los. De qualquer forma, o que dizem e pensam esses clientes pesa muito como fonte de idéias – daí sua elevada completude. A pesquisa de mercado constitui um meio eficiente para chegar até eles. Dentre suas diversas técnicas, merece destaque o *focus group*, modalidade de pesquisa qualitativa realizada diretamente com pequenos grupos de pessoas com conhecimento ou experiência em relação ao bem ou serviço que se pretende analisar em profundidade. Outro meio de acesso são os serviços de atendimento gratuito ao consumidor, que captam suas queixas, reclamações e sugestões. Com efeito, os vendedores e outros funcionários da empresa encarregados de entrar em contato com os clientes podem operar como canais de informação, levando as queixas, reclamações e sugestões dos consumidores até a empresa, contanto, naturalmente, que esta manifeste o desejo de contar

Quadro 1.2
Tipos e características das principais fontes de informação

Fonte	Volume	Acesso	Completude	Objetividade	Custo	Singularidade
Competidores	B	B	A	B	B	B
Revistas técnicas	A	A	B	A	B	B
Consumidores	A	B	A	B	A	M
Análise de produtos	A	A	B	A	B	B
Pessoal técnico	B	A	A	B	A	A
Pessoal não-técnico	A	A	B	B	B	M
Instituições de pesquisa	B	A	A	B	M	M
Empresas especializadas em desenvolvimento de novos produtos	B	A	A	B	A	M

A = Alto; B = Baixo; M = Moderado.
Fonte: West, 1992, p. 182.

com esse tipo de informação. Para tanto, ela poderá se valer dos sistemas de sugestões, assunto do próximo capítulo.

Por seu volume e facilidade de acesso, as revistas técnicas também constituem fontes importantes de idéias. Apesar de haver milhares delas em diversas línguas, tanto em mídia impressa quanto eletrônica, o fato de os textos que publicam abordarem, via de regra, apenas uma parte do problema, e de modo resumido, torna sua completude baixa. Por conta disso, necessitam de pessoas com conhecimento suficiente para encontrar idéias úteis que não sejam óbvias, pois, sendo óbvias, o mais provável é que também tenham ocorrido a outras pessoas, o que reduz o impacto da novidade.

Outra relevante fonte de idéias são os documentos de patentes, cartas patentes, pedidos de patentes, oposições de terceiros e toda a documentação concernente a um processo para a obtenção de privilégios de patentes de invenção, modelos de utilidade ou desenho industrial. Como mostram diversos estudos, a maior parte do conteúdo descrito nos documentos de patentes jamais chega a ser publicada em outros documentos, revistas técnicas, livros, etc.; e o que chega a ser publicado, geralmente o é muito tempo depois. A grande vantagem dos documentos de patentes está no fato de permitirem livre acesso, ainda que o acesso permanente da empresa às suas áreas de interesse implique custos nem sempre desprezíveis. Outra vantagem é que, em razão dos diversos acordos internacionais firmados desde a Convenção da União de Paris para a Proteção da Propriedade Industrial, ocorrida em 1883, esses documentos são razoavelmente padronizados. Para encontrar idéias interessantes em documentos de patentes é necessário que eles sejam analisados por pessoas com amplo conhecimento técnico na respectiva área. Nesse sentido, o que dissemos sobre idéias óbvias no caso das revistas técnicas também se aplica a esse caso. Aliás, a exemplo das revistas técnicas, esses documentos também pecam quanto à completude, pois, como recomendam os manuais sobre boas práticas de redação de patente, a novidade da invenção deve ser explicada tão-somente para que os analistas dos órgãos governamentais de patentes possam compará-la com o estado da arte, ocultando o que for possível a fim de evitar que a invenção possa ser reproduzida com facilidade.

Geração de idéias

O estímulo à geração de idéias tem sido tratado dentro de duas vertentes distintas. Uma delas procura encontrar métodos para gerar idéias ou tornar as pessoas mais criativas, como o *brainstorming*, o pensamento lateral e a sinética. Esses métodos são transmitidos mediante treinamentos especiais às pessoas-chave do processo de inovação, geralmente o grupo de desenvolvimento de produtos, engenharia de processo, P&D, círculos de controle de qualidade, entre outros. Muitos desses sistemas têm aplicações específicas para o planejamento de longo prazo, na medida em que são também métodos de previsão e avaliação tecnológicas. A outra vertente procura estimular e captar idéias geradas por funcionários, clientes e outros participantes da organização por meio do que se denomina programas ou sistemas de sugestões – tema central deste livro e assunto específico dos próximos capítulos.

O *brainstorming*, que data da década de 1930, é provavelmente o método mais difundido dentre as centenas existentes para estimular a produção de idéias. Talvez por ser um dos mais simples. Seu objetivo consiste em obter o maior número possível de idéias a respeito de um dado assunto previamente definido por um grupo de pessoas, em geral de 5 a 10, reunidas num certo local. A escolha daqueles que irão compor o grupo é importante. Pessoas inibidas, submissas e influenciáveis devem ser descartadas, bem como as que se julgam donas da verdade ou que gostam de ser o centro das atenções. Ademais, não convém reunir no mesmo grupo chefes e subordinados, sobretudo se os primeiros revelam perfil autoritário. O moderador ou líder do grupo deve promover a interação entre os membros e assegurar que todos se sintam fortemente motivados a dar suas contribuições de maneira livre.

Em geral, o *brainstorming* cumpre três fases: na primeira delas, o grupo se põe a par do problema a que pretende dar solução; na segunda, promove-se a mais ampla produção possível de idéias, estimulada por um ambiente de liberdade, cordialidade e interação entre os membros do grupo. É nessa fase que as críticas devem ser evitadas, valendo o famoso lema das revoltas dos estudantes no final da década de 1960: *é proibido proibir*. Nesse sentido, o líder do grupo deve assegurar a mais ampla liberdade de expressão, cuidando para que não haja críticas que prejudiquem a espontaneidade dos membros. Comentários como "essa idéia estapafúrdia só poderia ser sua mesmo", "você deve ter bebido umas e outras para vir com uma idéia assim", "mais uma igual a essa e eu me retiro", "esqueceu que estamos no Brasil?", "saia das nuvens, ponha os pés no chão", etc. devem ser evitados. Na verdade, espera-se que sejam emitidas muitas idéias diversificadas, inclusive as estapafúrdias. Essa segunda etapa chega ao fim quando verificado um esgotamento de novas idéias – é aí que o líder precisa estar atento e perceber quando começa a haver repetições das idéias já apresentadas. Na terceira fase são desenvolvidas as idéias apresentadas, e já não vigora mais aquela liberdade total, pois os membros devem avaliar cada uma delas com respeito à sua contribuição para o problema. Perguntas como as que seguem são típicas dessa fase:

- A idéia é nova mesmo?
- Faz sentido para o tipo de solução que se espera obter?
- É viável do ponto de vista técnico?
- Traz um diferencial significativo, levando em conta a situação atual?

O sucesso desse método se mede tanto pela quantidade quanto pela qualidade das idéias aventadas para dirimir os problemas expostos. O *brainstorming* apresenta uma elevada relação entre benéfico e custo para aplicá-lo. Com o tempo, alguns funcionários podem converter-se em líderes de grupos, tornando desnecessária a contratação de consultores externos. Dada a sua simplicidade, esse método acabou gerando muitas variações, como o *brainwriting*, em que os membros do grupo expõem suas idéias escrevendo-as.

Outros métodos, com nome próprio e registro de direito autoral, originaram-se a partir dele, como o pensamento lateral e a sinética. Por mais variações que se faça ao *brainstorming*, uma preocupação deve estar sempre presente: a manutenção de um ambiente cordial, desinibido e tolerante ao erro. Um ambiente de trabalho no qual as pessoas sintam que são respeitadas, confiem umas nas outras, sintam-se à vontade para manifestar suas opiniões e percebam que são recompensadas por isso favorece a geração de idéias como se fosse a segunda fase do método supracitado.

O pensamento lateral, desenvolvido por Edward De Bono, é outro método concebido para ampliar a criatividade entre os mais conhecidos. Trata-se de um método cujo objetivo é, em sentido restrito, gerar novas idéias para inovações importantes em qualquer área e, em sentido amplo, propiciar uma mudança de atitude mental pela eliminação dos efeitos limitantes de idéias antiquadas, estereotipadas e arraigadas, responsáveis por produzir o mesmo padrão de pensamento. À diferença do pensamento lógico, que De Bono denomina pensamento vertical, o pensamento lateral não é analítico nem segue fases seqüenciais, como mostra a Figura 1.10. Desse modo, por romper com os padrões lógicos de pensamento, seria ele o método mais adequado para gerar idéias capazes de resolver problemas de modo criativo.

O pensamento lateral não pretende substituir o pensamento vertical: ambos devem ser usados. Enquanto o pensamento vertical se vale das informações com seu valor intrínseco a fim de chegar eventualmente a uma solução que inclua os modelos mentais preexistentes, o pensamento lateral faz uso da informação para provocar uma reviravolta transformadora nesses modelos e sua sub-

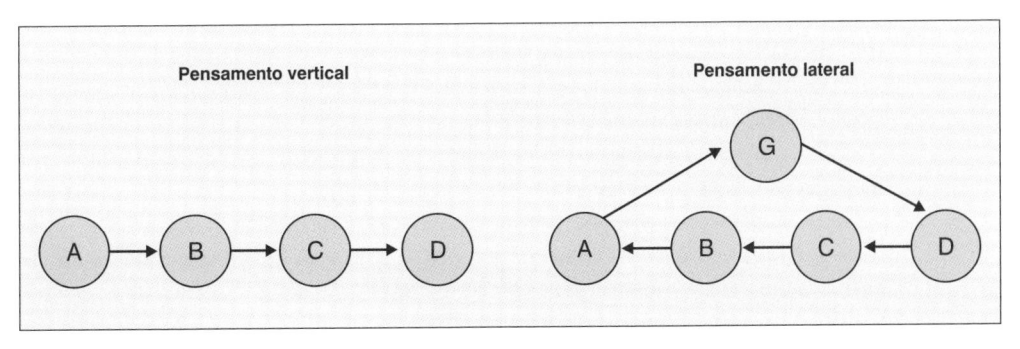

Figura 1.10
Pensamento vertical e pensamento lateral.
Fonte: De BONO, Edward, 1996, p. 50.

seqüente reestruturação em novas idéias. Os problemas podem ser de três tipos: o mais simples é o que necessita de mais informação ou técnicas mais eficazes para tratar as informações; o segundo é aquele que não precisa de mais informações, mas de uma outra reordenação, o que significa reestruturar a perspicácia, isto é, a capacidade de discernimento. O terceiro tipo consiste na falta de percepção quanto à existência de um problema; nesse caso, a questão passa a ser o reconhecimento de que problemas existem e é necessário solucioná-los. A dificuldade de solução cresce do primeiro para o terceiro tipo de problema. Desconhecer a existência de problemas que de fato existem – eis um grande problema. O primeiro tipo de problema o pensamento vertical é capaz de resolver, mas os dois últimos requerem técnicas de pensamento lateral, segundo De Bono. Essas técnicas não visam a obter idéias corretas, mas um grande número de idéias alternativas.

A sinética, método de autoria de Willian Gordon[42] também inspirado no *brainstorming*, procura desenvolver a capacidade de gerar idéias novas e criativas por meio de metáforas e analogias como forma de adentrar um universo estranho ou muito diferente do habitual, explorando conceitos ambíguos, contraditórios e incompatíveis. A palavra *sinética* é um neologismo formado pela justaposição de duas palavras de origem grega: *syn*, que significa pôr junto, ao mesmo tempo, e *ectos*, elementos diferentes ou não-relacionados. O método procura fazer com que o grupo se distancie do problema real, operando do modo mais abstrato possível, para depois voltar ao problema específico. Para tanto, vale-se de duas estratégias de ação a ser conduzidas pelo grupo, sob a orientação de um líder: (1) tornar conhecido o que é estranho e (2) tornar estranho o que é conhecido. A primeira estratégia busca, numa primeira etapa, analisar o problema, o estranho, da forma mais profunda e racional possível, a fim de torná-lo conhecido; na etapa seguinte, transforma-o novamente em estranho, olhando-o sob perspectivas novas e inusitadas, com o intuito de não incorrer em soluções convencionais, óbvias ou decorrentes da trajetória tipicamente utilizada para tais situações. Isso é feito mediante o uso de analogias.

A palavra analogia possui vários significados, não cabendo aqui discuti-los. Em termos gerais, o pensamento analógico estende os conhecimentos de uma coisa conhecida a outra desconhecida mediante as semelhanças que podem ser encontradas entre elas. Um juiz diante de uma situação sem respaldo da legislação específica irá buscar amparo na legislação concernente a fatos semelhantes. A sinética utiliza a analogia para gerar idéias criativas, que podem ser divididas em quatro classes: pessoais, diretas, simbólicas e fantásticas. Na primeira delas, a pessoa se coloca mentalmente como elemento do problema – por exemplo, na posição do pó de café que passa pelo coador; na segunda, usam-se comparações reais entre coisas diferentes com elementos semelhantes – por exemplo, as nadadeiras dos patos e marrecos e as hélices de barcos e navios. Na analogia simbólica, criam-se símbolos que tenham semelhança com a situação real, enquanto na fantasiosa procura-se soltar a imaginação para além de qualquer limite imposto pelas condições reais, concebendo-se, por exemplo, uma situação relativa a movimentos corporais à qual as leis de Newton não se aplicam. Vale mencionar que a analogia é com freqüência empregada como método para estimular a criatividade, independentemente da sinética. Analisar elementos semelhantes em coisas diferentes é um processo que há muito vem sendo utilizado para estimular o surgimento de idéias criativas. A título de ilustração, Leonardo Da Vinci deixou uma série de relatos sobre suas observações a respeito do vôo dos pássaros, insetos e morcegos com o objetivo de projetar uma máquina de voar[43].

Outros métodos, diferentemente dos comentados, aplicam-se a pessoas de fora da organização. Como exemplo, vale destacar o método *Delphi*, criado pela Rand Corporation na década de 1960 e que de lá para cá se tornou bastante popular em centros de pesquisas científicas e tecnológicas. Baseado em opiniões e julgamentos de especialistas em determinado assunto, esse método tem por objetivo identificar possíveis ocorrências futuras de fenômenos ou situações relativos ao desenvolvimento tecnológico na área em que o problema se situa. A fim de obter consenso a respeito de algum assunto complexo, os especialistas permanecem anônimos entre si, sem se comunicar ou influenciar mutuamente. A abordagem procura captar as possíveis ocorrências futuras relativas ao desenvolvimento científico e tecnológico em determinada área, perscrutando os conhecimentos daqueles que nela estão profundamente envolvidos e, portanto, construindo o próprio futuro dessa área. Os resultados dessas opiniões são consolidados e retornados aos especialistas, que então podem revisá-las ou confirmá-las. Daí tratar-se de um método demorado e não raro de custo elevado, já que depende do tempo de retorno das respostas dos especialistas, sendo que cada especialista tem seu próprio ritmo. É um método probabilístico, em que são estimadas as probabilidades de ocorrências em diferentes horizontes de planejamento.

Há inúmeros métodos de estímulo à geração de idéias criativas, e sempre surgem outros novos, atestando a importância das idéias no mundo dos negócios. O Quadro 1.3 contém o resumo de 10 métodos escolhido entre centenas. Os textos e cursos sobre inovação tecnológica têm dado especial destaque a esse modo de produção de idéias, pois ele permite manter a criatividade do pessoal técnico relacionado diretamente aos processos de planejamento e execução das atividades de inovação com elevado conteúdo de P&D. A ênfase em inovações de vulto leva à preocupação com a busca de idéias geniais, ou seja, idéias que possam resultar em inovações com alto grau de novidade em relação ao estado da arte do setor a que se aplicam.

Mesmo aqueles que passam a maior parte da vida pesquisando novidades em sofisticados laboratórios de pesquisas criam caminhos mentais que, de tão percorridos, acabam por se tornar familiares, impedindo que se encontrem outras soluções inovadoras longe deles. De tanto trafegar pela mesma rota mental, criamos sulcos profundos que direcionam nosso pensamento para o destino conhecido. Além desse tipo de problema, qualquer pessoa que exerça um trabalho criativo está sujeita a sofrer bloqueios mentais por motivos os mais diversos. Esses bloqueios acarretam complicações para a empresa e mais ainda para aque-

Quadro 1.3
Geração de idéias: dez exemplos de métodos estruturados

Método	Brevíssimo resumo
Análise do ciclo de vida (1)	Análise do produto baseada na analogia com os seres vivos, que apresentam diversas fases ao longo da vida. O ciclo vai do nascimento à eliminação do produto, passando pela fase de crescimento e maturidade. A análise pode indicar, por exemplo, a necessidade de redefinir os parâmetros do produto, para melhorar o seu desempenho na fase em que está ou iniciar processos para substituí-lo.
Análise do ciclo de vida (2)	Análise do ciclo de vida de um produto, considerando todas as fases por que ele passa, desde a extração das matérias-primas até sua disposição final, passando pelas fases de beneficiamento, fabricação, distribuição, uso e manutenção. A idéia aqui é avaliar o impacto ambiental global do produto, desde o nascedouro até sua eliminação, com vistas a identificar alternativas ambientalmente saudáveis.
Árvores de relevância	Método para analisar problemas complexos mediante sua subdivisão em diferentes níveis e destes em subníveis, a partir dos objetivos que se pretende alcançar. Baseia-se na constatação de que problemas complexos devem ser desagregados em níveis hierárquicos, a fim de identificar os objetivos parciais que contribuem para o nível mais elevado mediante variáveis quantitativas relevantes.
Cenários futuros	Descrição de situações futuras por meio de eventos hipotéticos relevantes para o objetivo da análise que se quer fazer. Parte da idéia de que o futuro apresenta múltiplos caminhos e que conhecê-los permite agir proativamente a fim de alcançar o futuro desejado ou neutralizar as conseqüências negativas de um futuro indesejável.
Curva de aprendizado	Método baseado na identificação da função que relaciona o custo de um bem à sua produção acumulada. Esse modelo considera que as atividades geradoras de melhorias em produtos e processos decorrem do aprendizado no trato com materiais, equipamentos, pessoas e informações, podendo ocorrer de modo espontâneo ou planejado.
Data Mining	Método que permite descobrir relações entre variáveis pela exploração de enormes massas de dados a partir de técnicas estatísticas e matemáticas. O objetivo é encontrar relações que essa massa de dados oculte.
Extrapolações de tendências	Método baseado em técnicas estatísticas fundadas em séries temporais. Permite projetar para o futuro as relações observadas no passado entre as variáveis consideradas. Parte do pressuposto de que no futuro irão prevalecer as condições observadas no passado. A curva de aprendizado é um tipo particular de extrapolação da tendência.

Continua

Quadro 1.3 (continuação)
Geração de idéias: dez exemplos de métodos estruturados

Método	Brevíssimo resumo
Matrizes morfológicas	Método baseado na identificação dos parâmetros fundamentais de um produto ou processo e dos diferentes meios para alcançá-los e na construção de uma matriz, onde cada célula representa uma combinação entre um parâmetro e um desses meios, de modo a permitir a análise sistemática de todas as possíveis combinações entre parâmetros e meios, sem esquecer de nenhuma.
Mapas conceituais	Métodos que indicam as contribuições para o entendimento de algo específico mediante representação gráfica das conexões e influências associadas aos conceitos envolvidos. Há diferentes formas de mapear os conceitos que podem ser auxiliados por meio de *softwares* específicos. O mais importante é a reflexão, por parte das pessoas envolvidas, sobre o conhecimento do assunto em questão.
Teoria para Resolução de Problemas Criativos (TRIZ)	Método desenvolvido em meados do século passado, baseia-se em análises de dezenas de milhares de patentes com vistas a encontrar regularidades na solução de problemas de forma criativa. Há muitas variantes desse método, mas todas consideram que há padrões regulares a serem observados para solucionar problemas com criatividade.

les que exercem atividades inventivas, pois se vêem impossibilitados de atender às próprias expectativas. Situações como essas têm ensejado argumentos para muitos filmes e romances.

O uso de métodos como os comentados nesta seção amplia a quantidade e a qualidade das idéias do pessoal envolvido com as atividades inovadoras. Sua aplicação é feita de modo seletivo, para pequenos grupos, devido ao alto custo, que geralmente implica a contratação de especialistas no método escolhido, a utilização de recursos didáticos especiais, como salas de reuniões e matérias de apoio, e a necessidade de que o pessoal selecionado se afaste temporariamente de seu trabalho habitual. Por não se tratar de atividades permanentes, mas episódicas, vez por outra ocorre a aplicação desses métodos, pelo menos dos mais sofisticados. Donde se explica sua pouca utilidade quando queremos estimular a criatividade de todo pessoal de uma organização complexa, que possui muitos trabalhadores dispersos em diversas áreas realizando as mais variadas atividades. Como veremos no próximo capítulo, para estes a melhor solução são os sistemas ou programas de sugestões.

Programas ou sistemas de sugestões

2

Os programas ou sistemas de sugestões foram praticamente esquecidos pelos estudos sobre inovação, sobretudo por não terem sido associados às idéias portadoras de novidades de vulto, mas às inovações incrementais ou melhorias em produtos e processos. Esse tipo de inovação sempre atraiu a atenção das áreas produtivas, para as quais foram desenvolvidos diversos métodos, tais como análise de processo, análise do valor, análise de falhas, entre outros. As origens desses sistemas e seus posteriores desenvolvimentos se encontram nas áreas relacionadas com a gestão de produção e operações.

Como mostra um texto da Japan Human Relations Association (JHRA), entidade que se tornou uma das maiores divulgadoras desses sistemas, a solicitação de sugestões aos funcionários foi utilizada pela primeira vez por Willian Denny, na Escócia, com o intuito de que seus empregados propusessem meios de reduzir o custo da construção de navios. Outro exemplo dessa aplicação ocorreu com um funcionário da Eastman Kodak, que em 1898 recebeu um prêmio de dois dólares por ter sugerido que as janelas do prédio da companhia fossem lavadas a fim de tornar as áreas de trabalho mais iluminadas[44]. Em 1905, no Japão, uma caixa de sugestões foi implantada na empresa Kanebo, após os gerentes da companhia terem retornado de uma viagem aos Estados Unidos, onde observaram o sistema de sugestões vigente na NCR[45]. A caixa de sugestões, geralmente na forma da urna lacrada ilustrada na Figura 2.1, foi o meio típico concebido para a captação de idéias, sistema que se mantém até hoje.

Henry Ford, em seu livro *Minha vida e minha obra*, revela que a única certeza a governar suas ações era a compreensão de que tudo está sempre muito longe de ser perfeito, motivo pelo qual considerava que a direção da fábrica deveria estar apta a aceitar sugestões. Para tanto foi estabelecido um sistema voluntário

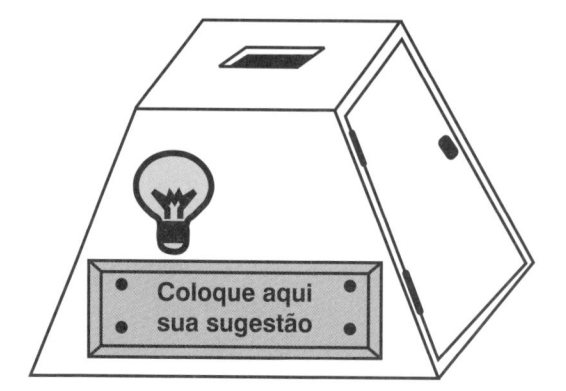

Figura 2.1
Caixa de sugestões.

de informação, por intermédio do qual qualquer operário podia comunicar suas idéias, bem como tentar implementá-las. Ford mostra que, com a produção em massa, uma economia de um centavo em cada peça excederia a milhões de dólares anuais, embora não revele como o sistema era gerido e se as idéias eram remuneradas[46]. Os sistemas de sugestões constituíam uma espécie de brecha ao modo taylorista de organização do trabalho, dentro do qual os operários limitavam-se à execução das atividades operacionais previstas por seus administradores, de acordo com o princípio da segregação das funções. Nessa fase inicial, os sistemas em apreço requeriam pouca ou nenhuma atenção do ponto de vista administrativo, entre outros motivos porque não apresentavam contra-indicações. *Grosso modo*, se surgissem idéias, ótimo; do contrário, tudo bem, porque não havia custado nada solicitá-las. A situação começa a mudar com as críticas feitas ao modelo taylorista pelo Movimento de Relações Humanas, que mostra, entre outras coisas, a importância da participação das pessoas nas decisões e do trabalho em grupo.

Os sistemas de sugestões acabaram por virar moda nos Estados Unidos, tendo sido adotados por um grande número de empresas, tanto é que, antes da Segunda Guerra Mundial, quase todas as corporações americanas os aplicavam[47]. No Japão pré-guerra, além da citada caixa de sugestões adotada na Kanebo em 1905, há registros de sistemas de sugestões introduzidos em apenas outras três empresas: na Hitachi, em 1930; na Yasukawa Eletric, em 1932; e na Origin Eletric, em 1938[48]. Findo o conflito mundial, os sistemas de sugestões experimentaram um crescimento vigoroso no Japão. Contribuiu de forma especial para isso a Toyota, então uma empresa de pequeno porte, que implantou em 1951 seu sistema de sugestões sob o nome *Idéia Criativa Toyota*[49]. Esse sistema cresceu vertiginosamente, atingindo a marca acumulada de 1 milhão de idéias em 1977, 10 milhões em 1984 e 20 milhões em 1988. No ano de 1986, a média foi de 47,7 idéias por funcionário[50].

Pode-se afirmar que o mundialmente conhecido Sistema Toyota de Produção deve grande parte de seu sucesso ao seu sistema de sugestões que o precedeu em dois anos. Foi em 1953 que Taiichi Ohno adotou na ferramentaria da Toyota o sistema de *puxar* a produção, baseado no processo de reposição dos supermercados americanos feito a partir de cartões. Esse sistema, denominado *kanban* (cartão), é considerado no Japão o símbolo virtual do Sistema Toyota de Produção[51]. No início foi grande a resistência à sua implantação, uma vez que contrariava os procedimentos convencionais. Muitos ajustes finos tiveram de ser feitos, para os quais foi de providencial valia o sistema de sugestões implantado nessa empresa, que contemplava o envolvimento total dos funcionários. Somente em 1962 o sistema *kanban* veio a ser adotado pela Toyota em todas as suas áreas da produção[52].

Um fato importante, mas pouco lembrado, é que o sistema de sugestões da Toyota precedeu a implantação de seu sistema de produção, tendo sido esse um dos principais fatores para o seu sucesso, na medida em que propiciou o surgimento de um ambiente de trabalho bastante cooperativo. A sintonia fina que fez o Sistema Toyota de Produção realmente funcionar não veio da administração superior nem dos engenheiros, mas do chão da fábrica, na forma de sugestões dos empregados*. A Toyota tem batalhado para criar uma atmosfera organizacional que privilegie o espírito criativo[53]. O Fórum de Inovação da FGV/EAESP tem apropriadamente chamado essa atmosfera criativa presente nas organizações inovadoras de *meio inovador interno*.

Situação completamente diferente verificou-se com o sistema de sugestões da Ford – modelo do sistema da Toyota –, que, declinando ano após ano, acabou por desaparecer em definitivo. O fato de recompensar a idéia com um porcentual do ganho teria feito com que crescesse a demanda pelo aumento dos prêmios que originalmente era de 10% da economia anual. Quando os empregados passaram a exigir um pagamento em dinheiro equivalente a 50%, a administração da Ford teria perdido o interesse em continuar o sistema de sugestões[54].

O número de empresas com sistemas de sugestões cresceu acentuadamente em muitos lugares além do Japão. A partir da crise do petróleo, em 1973, e com o avanço do Movimento da Qualidade, o sistema Toyota de Produção adquiriu popularidade no Ocidente, passando a ser assunto de destaque na teoria e na prática administrativas relacionadas ao tema da qualidade. De todas as empresas da indústria automobilística, a Toyota foi a que menos sofreu com a crise. Isso fez com que as pessoas começassem a compreender o grande desperdício implicado na produção em excesso e, conseqüentemente, voltassem os olhos para o Sistema Toyota de Produção[55].

A replicação do Sistema Toyota de Produção foi de crucial importância para a divulgação do que ficou conhecido como *técnicas industriais japonesas*. No Ocidente, ao que parece, o primeiro movimento nesse sentido teria se dado pela introdução dos Círculos de Controle de Qualidade (CCQ), que surgem como um detalhamento dos sistemas de sugestões voltados para grupos e problemas específicos

---

* Normam Bedek, mensagem do Editor constante à p. ix do citado livro de YASUDA.

e que se tornam vigorosos no Japão ao final da década de 1950. Entidades como a JHRA japonesa e a norte-americana National Association of Suggestion Systems desempenharam papel de destaque na popularização dos CCQs.

Abordagens dominantes

Apesar da multiplicidade de sistemas criados ao longo do tempo, observam-se duas abordagens muito distintas, que a JHRA denomina abordagens japonesa e norte-americana ou ocidental. Essas também são as denominações dadas por Imai, um dos autores que mais contribui para valorizar os sistemas baseados na abordagem japonesa[56]. Schuring e Luijten empregam as seguintes denominações: sistema tradicional e sistemas no contexto do *kaizen*. O primeiro deles é o sistema da caixa de sugestões, que corresponde ao sistema baseado na abordagem ocidental ou norte-americana pela denominação da JHRA, e o segundo, é o sistema de sugestões japonês[57].

Uma das características básicas do sistema de sugestões denominado tradicional, ocidental ou norte-americano é a busca de idéias geniais estimuladas por recompensas econômicas (*ideas pay off* ou *cash for your idea*). A operação usual desse sistema consistia em premiar o gerador de uma idéia aprovada mediante o pagamento de um porcentual sobre os ganhos por ela proporcionados no primeiro ano. Nos Estados Unidos, tal remuneração costumava representar 10% da economia resultante da sugestão[58]. Hoje, contudo, esse formato de sistema praticamente desapareceu, dando lugar a outro que estabelece limites máximos para a idéia aprovada, sem abandonar a relação entre o prêmio concedido ao autor da idéia e o benefício proporcionado à empresa. A título de ilustração, a empresa holandesa KPN dispõe-se a pagar por uma idéia criativa uma recompensa de até €12.000,00. O Quadro 2.1 apresenta o exemplo de uma versão atual do sistema de sugestões tradicional.

Pode-se dizer que, quanto mais a remuneração se acha associada ao ganho econômico para a organização, tanto mais o sistema se aproxima da abordagem ocidental. Para Imai, esse tipo de sistema de sugestões foi introduzido no Japão – mais ou menos na mesma época em que Deming e Juran para lá também levavam suas abordagens administrativas relativas à qualidade – pela Força Aérea Americana e pelos executivos japoneses que haviam visitado os Estados Unidos. A partir daí, esse modelo de sistema baseado em benefícios econômicos para a empresa e o gerador da idéia deu lugar a um outro ancorado na participação dos empregados, o qual recebeu a denominação de sistema japonês ou oriental[59].

A abordagem japonesa enfatiza a contribuição de todos os funcionários para a melhoria e o bem-estar da organização. A princípio baseada no sistema norte-americano, com o correr do tempo ela foi se distanciando cada vez mais do modelo original. De acordo com Yasuda, o sistema americano foi fortemente influenciado pelo individualismo e visava sobretudo à redução de custos. Ade-

Quadro 2.1
Variante do sistema de sugestões tradicional: exemplo

A Siemens do Brasil contava até 1998 com um programa denominado Sugestão para a Melhoria, que tinha espalhadas por suas unidades caixas de sugestões onde as propostas escritas em papel eram depositadas. Esse sistema foi substituído por um programa corporativo denominado 3i (idéias, impulsos e iniciativas), implantado em todas as unidades da empresa. O objetivo do programa 3i era criar condições e incentivos para que funcionários e estagiários apresentassem idéias de melhorias relativas a produtos, processos ou ao local de trabalho, premiando os autores das idéias que mais contribuíssem para reforçar a capacidade competitiva da empresa e promover o desenvolvimento de sua força de trabalho.

Uma idéia 3i é uma proposta de melhoria, feita por uma pessoa ou grupo, indicando o que deve ser melhorado, a situação atual, a situação após a implementação da proposta, os benefícios mensuráveis e os não- mensuráveis. Não são consideradas idéias 3i: as soluções de problemas para os quais a empresa tenha criado instrumentos específicos; a simples indicação de irregularidades ou dificuldades, ou de falhas que sejam únicas; o não-cumprimento de diretrizes, normas e instruções da empresa; e as idéias que estão relacionadas com as atribuições funcionais.

A gestão do programa é compartilhada entre as gerências de Recursos Humanos e de Gestão da Qualidade; a primeira exerce funções normativas, e a segunda, operacionais. É esta que recebe, auxilia os autores e avaliadores, cadastra avaliadores, faz as comunicações aos autores, entre outras atividades. Para dar suporte ao programa 3i, desenvolveu-se um *software*. Nele, o autor encaminha sua idéia por meio da intranet corporativa, indicando um padrinho, que pode ser o chefe imediato ou a própria Gestão da Qualidade; este procede a uma avaliação preliminar, no sentido de verificar se a idéia em questão é uma 3i, isto é, se estão presentes todos os elementos necessários, como, por exemplo, a estimativa do benefício. O padrinho envia a idéia 3i a um avaliador, que é responsável pela área ou processo a que a idéia se aplica e que deverá emitir um parecer conclusivo no prazo máximo de 30 dias; o prazo deverá será comunicado ao autor por intermédio do padrinho. Se a idéia for aprovada, o avaliador deverá indicar o prazo para sua implantação e a pessoa responsável deverá ser notificada dos valores dos benefícios anuais e dos investimentos necessários para tal implantação, bem como da existência ou não de benefício não-mensurável.

Esses dados são importantes para efetuar o cálculo do prêmio a ser concedido ao proponente de uma idéia aprovada. O prêmio é estipulado em 20% dos benefícios líquidos anuais, multiplicados por diversos fatores e limitados a um mínimo de R$ 350,00 e a um máximo de R$ 100.000,00. Eis os fatores:

- fator de envolvimento do autor
- fator de qualidade da idéia
- fator de causalidade

Exemplo: no caso de uma idéia que gera um benefício anual de R$ 700.000,00 e requer um investimento de R$ 200.000,00, os três fatores são 0,50, 1,50 e 1,00, respectivamente. O prêmio será dado de acordo com o seguinte cálculo:

$$(700.000,00 - 200.000,00) \times 0,20 \times 0,50 \times 1,50 \times 1,00 = 75.000,00$$

Supondo que o resultado de um cálculo totalizasse o valor de R$ 130.000,00, o prêmio a ser concedido seria o valor do limite máximo, R$ 100.000,00; se o resultado desse R$ 120,00, por exemplo, o prêmio seria de R$ 350,00, que é o valor do limite mínimo.

Continua

> **Quadro 2.1** (continuação)
> Variante do sistema de sugestões tradicional: exemplo
>
> No caso de benefícios não-mensuráveis, os valores são fixos, variando de R$ 140,00 para melhorias pequenas em coisas do dia-a-dia até R$ 20.000,00, se a melhoria é de excepcional importância para uma unidade de negócio na ampliação do mercado.
>
> A primeira idéia do ano de um funcionário recebe um valor adicional de R$ 40,00. As idéias aprovadas resultantes de campanhas de indução de idéias, denominadas 3i dirigidas, com vistas à resolução de problemas específicos, recebem premiações diferenciadas, cujos valores estabelecidos variam de caso para caso.
>
> Em 2006, a Siemens do Brasil obteve 917 idéias dos seus 10.305 funcionários, indicando a relação de 0,09 idéia por funcionário. Destas, 203 foram aprovadas, rendendo R$ 217.000,00 em prêmios e gerando um benefício de R$ 1,96 milhão. O sistema 3i é considerado *benchmark* entre os programas ou sistemas de sugestões. Como veremos no Capítulo 5, o Programa Click, da Suzano Papel e Celulose, inspirou-se profundamente no sistema 3i da Siemens.
>
> **Fonte:** Dados coletados na Siemens em março de 2006.

mais, seu estímulo aos *pensadores profissionais* era algo estranho para as companhias japonesas, que sempre consideraram o conceito de equipe muito mais importante[60]. Assim, os sistemas de sugestões das companhias japonesas começaram a adquirir uma dinâmica própria. Neles, as sugestões eram estimuladas por recompensas simbólicas que reforçavam a coesão interna. A JHRA emprega a palavra *teian* (proposta) para designar o sistema de sugestões segundo a abordagem japonesa[61]. O objetivo desse sistema é produzir um clima favorável à participação de todos os funcionários na busca de soluções para os problemas cotidianos, conduzindo, assim, à melhoria contínua (*kaizen*) e à materialização do conceito *teian kaizen*.

Segundo essa abordagem, quanto maior a participação das pessoas, maior a acumulação gradual de pequenos conhecimentos – justamente a filosofia do *kaizen*. A palavra *kaizen*, de acordo com Imai, significa melhoramento contínuo que envolve a participação de todos, administradores e operários, em todas as instâncias da vida. Ressalta o autor que o termo melhoramento, no contexto da administração ocidental, significa melhoramentos em equipamentos, excluindo-se os elementos humanos[62]. *Kaizen*, enquanto melhoramento, é um conceito genérico que se aplica "a todas as atividades de todos"[63]. O *kaizen* orientado para a pessoa se manifesta na forma de sugestões, de modo que o sistema de sugestões é um instrumento para pôr em prática o *kaizen* no nível dos indivíduos, da mesma forma que um círculo de controle da qualidade é um instrumento para pôr em prática o *kaizen* orientado para grupos[64]. Essa abordagem requer um estilo de gestão participativo que valorize o conhecimento dos funcionários de qualquer área, função ou nível hierárquico. Outras formas de participação em grupo, tais como as equipes de melhoramento da qualidade, de melhoramento de processos e as autodirecionadas, também constituem sistemas de sugestões orientados para grupos.

Em termos gerenciais, a abordagem japonesa impõe desafios homéricos, pois a necessidade de manter o pessoal permanentemente motivado a dar sugestões redunda na geração de milhares de idéias por mês. Para que essas idéias sejam respondidas rápida e adequadamente, a fim de não frustrar as expectativas de seus autores, é imprescindível dispor de suporte administrativo específico. Eis por que esses sistemas precisam ser bem estruturados e contar com o comprometimento efetivo da alta administração – inclusive de modo simbólico –, fazendo-se sempre presente na gestão do sistema e estimulando a participação dos empregados. Por ser descentralizada, a gestão do sistema permite que todos os chefes gozem de autoridade suficiente para aprovar e implantar as idéias de seus subordinados aplicáveis ao respectivo setor.

Os sistemas derivados da abordagem ocidental são menos exigentes em termos de gestão, seja pelo menor número de idéias que geram, seja por deixarem a cargo dos empregados a iniciativa de gerá-las, confiando no estímulo proporcionado pelas recompensas pecuniárias[65]. A aprovação de uma idéia e a autorização para implementá-la dependem da alta administração, que se vale de comissões para analisá-la, sempre levando em conta os ganhos econômicos que a empresa poderá obter com sua implementação *vis-à-vis* aos investimentos necessários para pô-la em prática. Por isso, os procedimentos para a aprovação de uma sugestão e sua implantação envolvem processos complexos e demorados, pois objetivam verificar a viabilidade técnica e econômica da idéia sugerida.

A quantidade de idéias geradas difere muito de abordagem para abordagem. Conforme a JHRA, o sistema de sugestões ocidental se contenta com poucas e boas idéias, sobretudo com um pequeno número de pessoas recebendo grandes prêmios por elas. Obter um número elevado de sugestões é fundamental para os sistemas baseados no *teian kaizen*, pois é a participação dos empregados que importa, e não o benefício imediato que a sugestão pode render à empresa[66]. Todavia, os resultados econômicos acabam sendo superiores em comparação com os do sistema ocidental; como explica Godfrey, enquanto as empresas japonesas apresentam uma média anual de 24 idéias por funcionário e implementam 82% delas, a média das empresas americanas é de 0,16 idéias, sendo que apenas 22% são implementadas. Com efeito, as companhias americanas se interessam apenas por idéias que gerem melhorias de no mínimo US$ 5.500,00, ao passo que, para as japonesas, as melhorias representam em média US$ 100,00. No fim das contas, 100 funcionários japoneses economizam US$ 200.000,00 por ano, em comparação com os menos de US$ 20.000,00 dos americanos[67].

As idéias não se resumem àquelas melhorias de processo que geram economias no uso dos recursos. Na verdade, beneficiam-se delas todas as áreas de atuação da empresa, sendo que muitas dessas idéias se referem a novos produtos ou a melhorias nos produtos atuais. Outras dizem respeito a questões que aparentemente nada têm a ver com as inovações, como idéias que melhoram o ambiente e as relações interpessoais, mas que acabam contribuindo para sustentar um meio propício à cooperação e à criatividade. Além disso, algumas idéias acabam gerando inovações radicais. Na abordagem japonesa, a quantificação das idéias constitui um importante objetivo de desempenho das chefias[68]. O declínio das sugestões de um período em relação ao anterior é sempre visto com preocupação. Por isso, um dos principais desafios desse tipo de sistema é manter o pessoal constantemente motivado, para não deixar o número de sugestões cair.

Em suma, há dois tipos básicos de sistemas de sugestões, cujas principais características encontram-se no Quadro 2.2. O sistema japonês ou oriental pode ser ainda de duas espécies: orientado para pessoa e orientado para grupo. Há dois aspectos que precisam ser esclarecidos a respeito dessas abordagens. O primeiro refere-se ao fato de que os textos sobre esse assunto não fazem referência às combinações das características individuais de cada uma dessas abordagens para formar sistemas mistos; o segundo concerne à difusão dessas abordagens e às confusões geradas pelas influências recíprocas.

Muitas empresas ocidentais, dentre elas as norte-americanas, adotam a abordagem japonesa[69]. Ouchi, ao estudar o assunto, verificou que várias companhias dos Estados Unidos com padrão de excelência em qualidade e produtividade comparável ao de suas congêneres nipônicas utilizavam modelos de gestão com características muito semelhantes, tais como administração participativa, relação de emprego a longo prazo, abertura dos canais de comunicação, etc. As práticas empresariais japonesas espalharam-se mundo afora impulsionadas pelo sucesso das empresas no Japão especialmente após a primeira crise do petróleo, ocorrida em 1973. Essas práticas revelavam um traço comum: o envolvimento intenso das pessoas com o destino da empresa[70]. Hoje, esse aspecto já se incorporou, pelo menos no nível da intenção ou do discurso, às considerações de natureza gerencial das mais avançadas empresas do mundo.

A abordagem ocidental, matriz do sistema japonês, também se viu difundida pelo mundo todo. Uma pesquisa sobre o modo de gerir a criatividade no Japão mostrou que nesse país também as idéias criativas capazes de gerar retornos significativos podem ser recompensadas por valores superiores a US$ 10.000,00, enquanto as de menor impacto, por valores pequenos, simbólicos, de US$ 5,00[71], por exemplo. Ao que parece, os aspectos culturais dos países que originaram ou conferiram a feição dominante do tipo de sistema de sugestões pouca relevância tiveram no processo de difusão desses dois tipos de sistemas, haja vista ambos terem sido adotados com êxito em todos lugares. A esse propósito, Bonache apresenta uma análise de diversos programas de sugestões concebidos em multinacionais norte-americanas e transladados para suas filiais no Brasil, México, em Portugal e no Canadá. Para o autor, a cultura nacional não afetou a efetividade desses programas, apesar de terem sido projetados com elevado grau de padronização para todas as filiais[72]. Importante ressaltar esse aspecto, pois muito se falou no passado sobre a impossibilidade de trazer para o Ocidente a abordagem japonesa, suposição que veio a ser desmentida pelo sucesso dessa abordagem em muitos países ocidentais.

Quadro 2.2
Sistemas de sugestões: resumo das abordagens dominantes

	TRADICIONAL (outras denominações: ocidental e norte-americana)	**JAPONÊS (outras denominações: oriental e *teian kaizen*)**
Objetivo	Captar idéias com alta probabilidade de gerarem inovações de sucesso.	Estimular a geração de idéias ampliando a comunicação e o relacionamento entre o pessoal interno e entre este e a diretoria. Promover a educação permanente de todo o pessoal mediante o acúmulo gradual de pequenos conhecimentos.
Número de idéias geradas	Mais importante que o número de idéias geradas são os resultados econômicos mensuráveis que elas podem trazer para a empresa.	Muito importante, pois são indicadores de participação. O declínio do número de sugestões é sempre visto com preocupação, pois sinaliza refluxo da participação.
Participantes	Poucas pessoas, geralmente com elevado grau de instrução ou de capacitação técnica.	Participação do maior número possível de empregados, independentemente das funções que exercem e dos cargos que ocupam.
Recompensa	Premiações em dinheiro correspondentes a valores diretamente relacionados com o impacto da idéia em termos econômicos – geralmente um porcentual sobre os ganhos proporcionados por sua implementação. Quando se pretende aumentar o número de idéias, aumenta-se esse porcentual.	Premiações simbólicas. A recompensa econômica é coletiva, obtida pela estabilidade do emprego, situação econômica favorável que permite distribuir lucros e resultados e proporcionar oportunidade de crescimento profissional.
Normas que regem o sistema	Sistema regido por normas complexas e detalhadas, com muitas restrições, etapas e critérios para aferir os resultados.	Sistema regido por normas simples e pouco detalhadas, a serem aplicadas pelas pessoas, de forma descentralizada, a todas as áreas da organização.
Aprovação das sugestões	A aprovação da idéia e a autorização para sua implementação dependem da alta administração.	As chefias gozam de autoridade para aprovar e implantar as sugestões de seus subordinados aplicáveis ao respectivo setor.
Gestão do sistema	Centralizada na alta administração, usando comissões para análise das idéias.	Descentralizada, envolvendo pessoas de todas as áreas e níveis da organização.

Fonte: Elaboração própria, com base em vários autores citados neste texto.

Críticas e objeções

A abordagem japonesa, por fundamentar-se no conceito de melhoria contínua, tem sido associada a uma estratégia baseada na valorização das inovações incrementais, algo que já fora notado por diversos estudiosos. Traço marcante do processo de inovações das empresas japonesas é a adoção de uma estratégia incrementalista responsável por intensificar as atividades voltadas para a identificação das falhas dos produtos, das preferências dos consumidores e dos recursos tecnológicos mais adequados, sempre procurando aproximar o máximo possível as áreas de manufatura e de desenvolvimento de produtos e processos[73]. Ao estudar as estratégias competitivas de empresas japonesas e americanas, Hellwing afirma que essas últimas enfatizam a novidade dos produtos e as inovações do tipo *breakthrough*, enquanto as primeiras preocupam-se especialmente com as inovações incrementais, em aprender com as falhas e voltar suas atenções para o processo produtivo[74].

Uma vez vinculados às inovações incrementais, esses sistemas deixaram de comparecer aos estudos relacionados com inovação desde as últimas décadas do século passado, até mesmo no Japão, como podemos inferir pela dificuldade de se obterem dados recentes sobre a evolução do número de sugestões. Acrescente-se a isso a crise japonesa que fez com que as contribuições das práticas gerenciais adotadas naquele país perdessem o *glamour* de que haviam gozado no mundo dos negócios até o início da década de 1990. Tal crise, embora de origem macroeconômica, colocou uma nota de suspeita injustificada nos modelos e métodos de gestão japonesa como um todo.

A estratégia incrementalista do sistema *kaizen* tem sido criticada por alguns autores com base na suposição de que a melhoria contínua dos processos atuaria contra as inovações radicais. "O incrementalismo é o pior inimigo da inovação", diz Nicholas Negroponte, pesquisador do MIT Media Lab, e suas palavras são repetidas por Tom Peters[75], um consultor que desfrutou de grande influência entre empresários e altos dirigentes corporativos. Se por *incrementalismo* esses autores estão se referindo a uma estratégia exclusivamente centrada na inovação incremental, então eles estão corretos. A crítica à adoção de uma estratégia incrementalista exclusiva está coberta de razão, pois as inovações incrementais voltam-se preferentemente para o que se está fazendo no momento para fazer melhor e com menor custo, enquanto as ameaças mais graves às empresas estão associadas às inovações radicais, que introduzem novos produtos, modificam o modo de competir ou criam novos setores econômicos. Com efeito, as mudanças significativas verificadas nos ambientes de negócios se devem às inovações radicais, e não ao acúmulo de inovações incrementais. Os sucessivos aperfeiçoamentos nos carburadores não impediram sua substituição pelo sistema de injeção eletrônica. O que não está correto é condenar as inovações incrementais, negando-lhes sua enorme importância para a empresa e para a economia.

Na realidade, não há como distinguir esses dois tipos de inovações quando examinamos caso a caso. As inovações radicais de sucesso necessitam de muitas incrementais para ajustar o produto ou serviço de acordo com os retornos de informações dos consumidores e usuários. Por mais atento que seja o processo de inovação, é pelo confronto com os equipamentos, materiais, sistema de distribuição, concorrentes, etc. que o produto ou serviço será aperfeiçoado. O Movimento da Qualidade deu às inovações de pequena monta uma importância sem precedentes, pois as considerava o meio ideal para atender efetivamente às necessidades e exigências dos clientes. Dada sua importância, esse tipo de inovação deveria ser realizado continuamente e em todos os níveis da organização, daí resultando o conceito de melhoria contínua, um dos conceitos mais importantes da moderna administração.

As inovações radicais e incrementais devem ser vistas como complementares, cada qual cumprindo funções diferentes mas igualmente importantes. As inovações radicais que são menos freqüentes e exigem planejamentos de médio e longo prazo renovam as empresas; as incrementais conferem-lhes eficiência no curto prazo, reduzindo custos, melhorando as condições de trabalho, dando prontas respostas aos clientes, entre outros benefícios. Sem estas, aquelas não se sustentam. Em contrapartida, na ausência de novidades significativas, as melhorias de pequena monta, ainda que feitas continuamente, acabam por se exaurir. A tirania do êxito, segundo as palavras de Tushman e O'Reilly III, é uma espécie de paralisia decorrente dos benefícios do aumento da eficiência no curto prazo[76]. Esses autores denominam *organizações ambidestras* as empresas que conseguem obter vantagens competitivas ao operar simultaneamente no curto prazo, enfatizando a eficiência, e, no longo prazo, salientando as inovações de maior vulto e maiores riscos[77].

Em outras palavras, as organizações necessitam tanto das inovações incrementais, fontes fundamentais da eficiência no curto prazo, quanto das radicais, que produzem descontinuidades tecnológicas, criam novos mercados ou reformulam de modo significativo os existentes. Os sistemas de sugestões podem contribuir para manter um ambiente interno voltado para a eficiência operacional e receptivo a toda sorte de mudanças, conduzindo a um processo de *inovações contínuas*, entendido como a habilidade de combinar efetividade operacional com flexibilidade estratégica, ou seja, a habilidade para aperfeiçoar o que existe e desenvolver novos produtos, mercados e sistemas de gestão[78].

Todavia, como comentamos anteriormente, ao serem associados a inovações incrementais e processos de melhoria contínua, os sistemas de sugestões do tipo japonês passaram a ser ignorados pelos autores ligados ao tema da inovação tecnológica. A busca frenética de inovações radicais e as apostas nas inovações milionárias da nova economia exerceram um efeito ao mesmo tempo deletério sobre esse tipo de sistema de sugestões e restaurador sobre os tradicionais, retirando-os do ostracismo em que se encontravam até as últimas décadas do século XX. A captação de idéias geniais passou a ganhar destaque no ambiente empresarial, em grande parte impulsionada pela valorização do empreendedorismo e pela atuação das empresas de *venture capital*, bem como dos departamentos de *new ventures*. Hamel denomina "espírito do Vale do Silício" essa nova maneira de encarar a competição: "É preciso ser mais inovador do que os inovadores, mais empreendedor do que os empreendedores, de modo que, se não for novidade, não é sensacional; se não for sensacional, não vale a pena"[79].

Pelo exposto, trata-se de uma atitude equivocada, pois as organizações precisam de todo tipo de idéias. Além do mais, idéias simples também geram inovações de vulto capazes de revolucionar a economia, como é o caso do contêiner no transporte de mercadorias, cuja inspiração foi a caixa de sapatos[80].

A captação de idéias simples geradas pelo pessoal interno acabou se transformando no patinho feio da literatura especializada em inovação, mas não da prática das melhores empresas, como mostram os casos relatados nos próximos capítulos. Os meios para estimular e captar idéias do pessoal interno da organização variam desde uma caixa de sugestões colocada na porta de entrada da empresa até sistemas de gestão de idéias integrados ao sistema global da organização e, portanto, a outros sistemas de gestão específicos, como os de gestão da qualidade, do meio ambiente, da saúde e segurança, etc.

O sistema tradicional se assemelha à caixa de sugestões, física ou virtual, pois funciona como uma peça independente do modelo de gestão adotado, podendo ser ativado e desativado sem maiores dificuldades. Os sistemas do tipo japonês, ou que dele se aproximam, são integrados aos demais sistemas de gestão da organização e, como os demais, partilham de todos os princípios e as estratégias que norteiam a organização. Entretanto, para que sejam eficientes, os sistemas de sugestões devem obrigatoriamente se alinhar à estratégia da empresa. Foi-se o tempo em que era necessário esperar os funcionários depositarem suas sugestões em caixas como a da Figura 2.1. Como observou um pesquisador britânico, esses sistemas precisam de foco, direção, comprometimento e integração com a estratégia de negócio[81]. Os três casos relatados a seguir mostram-se exemplares sob esses aspectos.

Projeto Simplificação

O presente capítulo descreve o sistema de sugestões da Brasilata S/A Embalagens Metálicas, denominado Projeto Simplificação. Antes, porém, é apresentado um breve histórico da empresa, focalizando o processo de construção do seu modelo de gestão. Depois, destaca-se o sistema de sugestões por ela adotado, seu desempenho e o modo como é gerido. Convém lembrar que sistemas de sugestões desse tipo requerem um processo de gestão eficiente, pois têm de lidar com milhares de idéias numa base semanal e mesmo diária, sendo que a quantidade de idéias geradas constitui um importante indicador do sistema de gestão global da empresa.

A empresa

A Brasilata S/A Embalagens Metálicas é reconhecida internacionalmente como uma empresa inovadora em seu segmento, sendo detentora de dezenas de patentes no Brasil e no exterior. Fabricante de embalagens metálicas de aço (latas e baldes), a Brasilata é a terceira empresa de um setor altamente competitivo e pulverizado, abarcando cerca de 10% do mercado total. Fundada em 1955 na capital paulista, ela conta atualmente com 900 funcionários, distribuídos em três unidades fabris nos estados de São Paulo, Rio Grande do Sul e Goiás. Seu capital é totalmente nacional. Em 2006, faturou R$ 358 milhões, o equivalente a 170 milhões de dólares americanos. Apresenta uma estrutura acionária familiar de primeira geração (acionista controlador presente), mas conta com uma administração profissionalizada, o que de certo modo é raro entre as empresas familiares. Entre 1978 e 2006, o consumo brasileiro de latas de aço apresentou uma taxa de crescimento global de apenas 12%, enquanto a Brasilata quadruplicou a sua produção.

Em 1980, a empresa ostentava elevados índices de crescimento, ocupando o primeiro lugar em lucratividade no setor de embalagens metálicas. Nos anos de 1982 e 1983, a forte recessão que assolou o país provocou uma queda significativa na demanda de embalagens metálicas, com a conseqüente diminuição dos preços de venda e das margens de contribuição. A lucratividade do setor caiu como um todo, mas, em face das circunstâncias, a lucratividade da Brasilata caiu ainda mais. A partir de 1985, tem início a adoção das técnicas japonesas de administração participativa, a princípio com a introdução de práticas *just-in-time* (JIT) do produto em processo (sistema *kanban*). Rapidamente as ações evoluíram para o envolvimento e a participação dos operadores, condição indispensável para o funcionamento do sistema *kanban*. Para sua melhor assimilação, todos os funcionários, do ajudante ao diretor, foram treinados em um curto espaço de tempo, mesmo aqueles que nada tinham a ver com a operação do sistema, como o pessoal de escritório, por exemplo.

O novo estilo de administração exigia o envolvimento dos operadores, especialmente o sistema *kanban*, em que a produção deve fluir com estoques mínimos. Fazia-se necessário abrir canais de comunicação com os funcionários. É nesse momento que surge seu sistema de sugestões denominado Projeto Simplificação, como mostraremos mais adiante. No final de 1987 e início de 1988, os objetivos da empresa foram reescritos de forma participativa, com a colaboração de diretores, gerentes e supervisores. Definiu-se, nesse momento, um relacionamento de longo prazo que estabelecia o seguinte:

- para os acionistas, uma política baseada na excelência em lucratividade;
- para os funcionários, uma política de não-demissão;
- para os clientes, o contingenciamento nas crises; e,
- para os fornecedores, uma relação de parceria, algo que viria a ser o apanágio da gestão da cadeia de suprimentos em meados da década de 1990.

No período de 1987 a 1990, os resultados, acima da média, já foram compatíveis com os melhores do setor. Em fevereiro de 1991, a Brasilata implantou um sistema de participação nos resultados, o *abono eficiência-volume*, baseado na produtividade mensal e antecedendo em quase quatro anos a lei que criou o sistema de participação dos empregados nos lucros ou resultados das empresas. O sistema de participação nos lucros e resultados (PLR) da Brasilata distribui até 15% do lucro líquido aos funcionários[82]. Nos anos de 1991 e 1992, a empresa reconquistou a posição de líder em lucratividade. No final de 1992, devido aos bons resultados obtidos nos referidos anos, o planejamento estratégico definiu fortes investimentos para a modernização de seu parque produtivo, totalizando onze milhões de dólares para os cinco anos seguintes. Em 1994, após o Plano Real, inicia-se uma crise de demanda que se agrava em 1995, levando a empresa a registrar seu primeiro prejuízo contábil em 30 anos.

Mantendo os compromissos supramencionados, a Brasilata empreendeu uma reestruturação administrativa e operacional, mediante um processo de reengenharia participativa pelo qual os funcionários tomavam parte no enxugamento da estrutura, decidindo sobre demissões e cortes de cargos – algo inusitado quando se verifica que tanto em sua formulação teórica quanto nas experiências práticas a reengenharia é um processo que se realiza de cima para baixo, com alta dose de autoritarismo. A partir de 1997, a Brasilata ingressa em uma nova fase de crescimento. Apesar do tipo perigoso de manufatura que desenvolve (transformação de metal a frio), a empresa foi por diversas vezes escolhida como uma das melhores para se trabalhar no Brasil, segundo pesquisas realizadas pelas revistas *Exame* nos anos 2000, 2001, 2004 e 2007 e *Época* em 2007. Nesse período, introduz vários produtos inovadores (Fechamento Plus, Biplus, Plus UN e Ploc Off) e adquire uma série de patentes e prêmios internacionais. Em 2002, a empresa inaugura uma fase de apropriação de seus ativos tecnológicos, com o licenciamento das patentes do Fechamento Plus e Biplus para uma empresa mexicana (ver Quadro 3.1). Em 2004, associa-se a uma empresa norte-americana para estabelecer uma unidade nos Estados Unidos. Em 2006, ocupa a sexta colocação no *ranking Exame* de Inovação e Intra-empreendedorismo no Brasil. Em 2007, obtém o primeiro lugar no Índice Brasil de Inovação (IBI) de sua categoria*.

O sistema de sugestões

O sistema de sugestões da Brasilata foi criado em 1987, sob o título de Projeto Simplificação. Seu propósito era estabelecer um canal de comunicação de duplo sentido entre os funcionários e a cúpula da empresa. O projeto é resultado da implantação das técnicas industriais japonesas de administração participativa e da conseqüente necessidade de envolvimento por parte dos funcionários, como mostra a ata da reunião que o criou: "o Projeto Simplificação surgiu da necessidade de se criar mais um canal de comunicação entre nossos funcionários, a administração e as chefias". A Brasilata ingressou no movimento de replicação do sistema Toyota diretamente com o sistema de "puxar" a produção por meio de cartões (*kanban*). O *kanban*, entretanto, é uma ferramenta que, utilizada impropriamente, pode causar uma grande variedade de problemas, conforme mostra Ohno[83]. Se, por exemplo, um operador de empilhadeira esquece um cartão no bolso, a produção poderá ser interrompida no turno seguinte. É por isso que a Brasilata apela ao envolvimento total dos funcionários. Assim como na Toyota, também na Brasilata o sistema de sugestões revelou-se uma importante forma

---

* O IBI representa o desempenho em termos de inovação. Foi idealizado pela revista Inovação da Uniemp e desenvolvido pelo Departamento de Política Científica e Tecnológica da UNICAMP, com o apoio da FAPESP – Fundação de Amparo à Pesquisa do Estado de São Paulo.

Quadro 3.1
Fechamento Plus: exemplo de uma inovação radical

O fechamento tradicional de embalagens metálicas, baseado em um processo que envolve atrito, teve origem em uma invenção de John Hodgson que obteve do *Patent Office* norte-americano a patente nº 795.126, expedida em 1905. A invenção conserva seu sucesso até hoje, havendo inúmeros produtos que ainda utilizam essa concepção de fechamento. De lá para cá, muitas tentativas foram feitas em diversos países para modificar esse processo, mas, por diversos motivos, nenhuma obteve êxito. A título de exemplo, em 1990 a companhia norte-americana Davies Can introduziu um novo sistema de fechamento de latas de aço, intitulado comercialmente Trim Rim Can, que, no entanto, não funcionou como se esperava, pois a lata, uma vez aberta, não podia ser novamente fechada com facilidade[84].

O Fechamento Plus, criado pela Brasilata, introduz uma solução completamente diferente da tradicional: um fechamento por travamento mecânico, como mostra o desenho esquemático da figura a seguir.

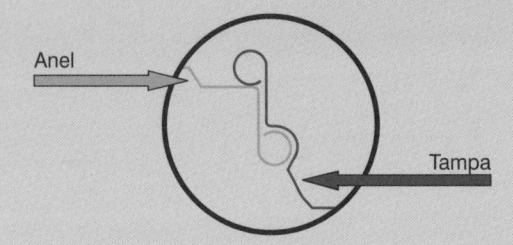

Essa concepção de tampa de embalagem de lata deverá se constituir no novo padrão daqui para a frente, devido às seguintes vantagens em relação ao fechamento tradicional:

• é três vezes mais resistente tanto às pressões internas quanto aos choques, pancadas e quedas;
• é mais fácil de abrir e fechar, ao mesmo tempo em que dificulta a violação;
• identifica claramente a primeira abertura;
• apresenta uma economia de material que, dependendo do diâmetro da lata, varia de 19 a 25% comparativamente ao sistema de fechamento tradicional ou por atrito.

Essa invenção foi patenteada em diversos países, com a primeira patente sendo concedida pelo *US Patent and Trademark Office* em 4 de maio de 1999 (patente nº 5.899.352). A Brasilata iniciou a produção mediante o sistema Fechamento Plus em 1996, tendo produzido até dezembro de 2006 mais de 500 milhões de unidades e economizado cerca de 10 mil toneladas de aço, equivalentes aos preços atuais, a mais de 10 milhões de dólares norte-americanos. Em 2000, a patente do Fechamento Plus é licenciada para uma empresa brasileira, e em 2002 é firmado o primeiro contrato de licenciamento internacional, com o Grupo Zapata, o maior fabricante mexicano de latas de aço. Em 2006 é assinado um contrato com o Grupo Asa, principal fabricante de latas de tintas da Itália.

O Fechamento Biplus consiste em uma dupla tampa *plus* desenvolvida para o mercado de tintas coloridas nas próprias lojas, atendendo às especificações do cliente. A equipe técnica da Brasilata inventou uma segunda tampa, feita com material plástico para permitir os fluxos de pigmentos da máquina misturadora para a lata contendo a base branca. Essa tampa reduz pela metade o tempo de manuseio da lata na loja. Além disso, por ser constituída de material transparente, ela permite ao cliente verificar a coloração da tinta sem a necessidade de nova abertura da lata.

de treinar as pessoas, tornando o ambiente mais dinâmico. O sucesso do sistema dependeria, porém, de outros condicionantes, relacionados ao trato do pessoal. A garantia de emprego seria um fator muito importante, inclusive para permitir idéias que implicassem a redução de postos de trabalho. Além disso, o reconhecimento deveria ser atribuído a todos, evitando a competição.

O sistema baseia-se em recompensas simbólicas aplicadas individualmente ou em grupo, sem perder de vista a necessidade de obter coesão interna como forma de fortalecer a empresa para atuar em um ambiente sujeito a altas turbulências. No início, as premiações eram realizadas de duas a três vezes ao ano, celebrando-se uma pequena festa para a qual eram convidados os funcionários premiados, as chefias e alguns outros funcionários escolhidos para representar os demais colegas. Nesses eventos, o funcionário explicava sua idéia e recebia o prêmio das mãos de um diretor ou gerente, como é típico da abordagem japonesa. A recompensa econômica era coletiva e se dava conforme a política de não-demissão, estabelecida em 1988, e o sistema de participação dos empregados nos resultados da empresa, vigente desde 1991, ou seja, quatro anos antes da legislação que estabeleceu sua obrigatoriedade. Esse sistema distribui até 15% do lucro líquido aos funcionários, tendo como critério de rateio o salário destes. Para reforçar essa abordagem, jamais, praticamente, foi empregada a palavra *sugestão*, visto que podia levar os funcionários a pensar que a empresa esperava algo importante. Em lugar dela, sempre se utilizou o termo *idéia*, mais apropriado ao conceito de *teian kaizen*. A decisão sobre a aprovação das idéias e sua implantação era, na maioria dos casos, delegada ao pessoal da linha de frente.

A Tabela 3.1 mostra a evolução dos primeiros dez anos do Projeto Simplificação em termos de número total de idéias e idéias por funcionário. O número de idéias, embora fosse pequeno, era considerado normal pela diretoria. Como mostrado anteriormente, a quantificação das idéias é uma característica essencial

Tabela 3.1
Projeto Simplificação: total de idéias e idéias por funcionário (1987 a 1996)

Ano	Número de idéias	Idéias por funcionário/ano	Ano	Número de idéias	Idéias por funcionário/ano
1987	136	0,15	1992	195	0,20
1988	126	0,16	1993	299	0,31
1989	243	0,28	1994	113	0,13
1990	277	0,31	1995	36	0,04
1991	231	0,24	1996	102	0,13

Fonte: Relatórios internos da Brasilata.

da abordagem japonesa, constituindo inclusive um importante objetivo de desempenho das chefias. A redução quase a zero do número de idéias verificada em 1995 se deve a um ano de crise aguda, quando a empresa registrou seu primeiro prejuízo em três décadas, como já mostrado. Esse é o ano em que se dá o processo de reengenharia e durante o qual não é realizada nenhuma celebração do Projeto Simplificação.

Com a superação da crise, o projeto foi relançado em 1997. Para incentivar a participação dos funcionários, as celebrações de entrega dos prêmios passaram a ser marcadas fora do horário normal de expediente, aos sábados, sendo convidado todo o quadro de empregados. Em abril de 1999 foi criada a Supercopa, evento festivo que viria a ser realizado a cada ano em uma unidade diferente (São Paulo, Rio Grande do Sul ou Goiás), com o propósito de celebrar a melhor idéia do ano por parte de cada unidade. Assim, os esforços são reconhecidos, e nos anos seguintes a empresa praticamente atinge a meta de uma idéia por funcionário ao ano, conforme mostrado na Tabela 3.2. A quantidade de idéias enviadas em 1999 e 2000 satisfez à diretoria da Brasilata, já que o número verificado nas empresas brasileiras com programas de sugestões não chegava, pelo menos em 1993, a 0,4 idéia por funcionário/ano, segundo dados apresentados por Böhmerwald[85]. A Brasilata havia estabelecido como meta ultrapassar essa média, e de fato faltou pouco para que conseguisse. A quantidade de idéias em 2000 era baixa, quando confrontada com as das empresas japonesas; de qualquer forma, o Japão era visto então pela diretoria da Brasilata como imbatível nesse aspecto.

Em abril de 2001, a diretoria da Brasilata tomou conhecimento de um artigo que mostrava que a Bic, uma empresa norte-americana com 684 funcionários, havia recebido no último ano 2.999 sugestões, representando uma taxa de 4,4 idéias por funcionário[86]. Constatou-se, assim, que o número de idéias por funcionário verificado na Brasilata não era baixo apenas para os padrões japoneses. Com base no expediente previsto na norma ISO 9000, foi desencadeada uma ação preventiva que revelou, como causas prováveis dos modestos resultados, a

Tabela 3.2
Projeto Simplificação: total de idéias e idéias por funcionário (1997 a 2000)

Ano	Número de idéias	Idéias por funcionário/ano
1997	243	0,30
1998	491	0,61
1999	834	0,93
2000	896	0,97

Fonte: Relatórios internos da Brasilata.

demora na avaliação das idéias e na execução das idéias aprovadas, como mostra a Tabela 3.3. Esse atraso, especialmente na avaliação das idéias, tem sido apontado em diversos artigos como um dos principais responsáveis pelo baixo envolvimento dos funcionários. Vale lembrar que o sucesso dos sistemas de sugestões japoneses assenta-se em respostas imediatas aos geradores de idéias, na compreensão do sistema como um programa ativo de educação dos empregados e na importância que lhe atribuem os administradores. Na Toyota, cada idéia recebe uma resposta de seu supervisor dentro de 24 horas[87].

A ação preventiva deu origem a uma ação corretiva. Em menos de 30 dias foram realizadas as seguintes ações: (1) distribuição de todas as idéias aos avaliadores, para que analisassem as pendentes, reavaliassem as aprovadas e não-executadas e executassem as aprovadas; (2) entrega das cartas de aprovação ou não-aprovação aos funcionários, com o pedido de desculpas pela demora nas respostas; e (3) elaboração de um programa destinado ao gerenciamento do Projeto Simplificação, para que nenhuma idéia ficasse sem avaliação ou resposta. Com essas medidas, o estoque de idéias sem atendimento caiu de modo considerável. Paralelamente à ação corretiva, de caráter emergencial, teve início um processo de reestruturação do projeto, com vistas a gerar soluções permanentes, inclusive prevendo o crescimento do número de idéias ao longo dos anos, algo sempre desejado nos sistemas baseados no conceito de *teian kaizen*.

A estrutura administrativa do Projeto Simplificação foi reforçada com a criação das Coordenadorias de Desenvolvimento de Pessoal. A partir delas, fixaram-se as chamadas subetapas, com a escolha de uma idéia por mês, as festas do projeto passaram a ser marcadas com antecedência e uma nova grade de brindes foi estabelecida. Novidade dessa nova dinâmica foi a instauração de um sistema de indução de idéias a partir de temas ou desafios lançados pelo projeto. A título de exemplo, em meados de 2001 ocorreu uma crise na geração de energia elétrica (vulgo "apagão"), e o Governo Federal impôs a redução do nível de consumo das famílias e das empresas em 20%. O Projeto Simplificação

Tabela 3.3
Projeto Simplificação: idéias não-atendidas (2000)

Unidade da Brasilata	Não-executadas	Não-avaliadas	Total não-atendido	Total 2000	% de não-atendimento	Idéias por funcionário
São Paulo	85	163	248	296	83,8	0,62
Rio Grande do Sul	92	90	182	264	68,9	0,81
Goiás	113	0	113	341	33,1	2,29
TOTAL	260	253	543	901	60,3	0,97

Fonte: Brasilata, Comunicação Interna de 29/05/2001.

foi acionado com o tema *redução do consumo de energia elétrica*. Centenas de idéias foram aventadas, sendo que algumas produziram efeitos permanentes, como a substituição dos chuveiros elétricos pelo sistema de aquecimento a gás (a unidade de São Paulo é servida por gás natural), enquanto outras, como o desligamento dos aparelhos de ar-condicionado, aliviaram o consumo temporariamente. Somados os efeitos permanentes e os temporários, a empresa obteve em poucas semanas uma redução de 35% no consumo de energia, o que lhe permitiu vender no mercado as sobras de quota de energia elétrica.

Em 2001 foi registrado um total de 2.453 idéias, correspondente a 2,68 idéias por funcionário/ano, como mostra a Tabela 3.4. Nas festas do projeto realizadas nas três unidades da empresa no início de 2002, a referência ao número de idéias por 100 funcionários foi pela primeira vez substituída pela noção de idéias *por funcionário*. A nova ordem de grandeza permitia alterar a unidade e, assim, contar o número de idéias por funcionário. A ação corretiva foi executada em janeiro de 2002, quando se estabeleceu para esse ano uma meta de quatro idéias por funcionário. Novas ações foram implementadas, e foi criado o prêmio de viagens às outras unidades, concedido aos inventores com o maior número de idéias aprovadas. Desde então, a evolução do número de idéias superou em muito as expectativas da diretoria da Brasilata.

A partir da reestruturação, o projeto passou a gerar um número crescente de idéias, ano após ano. Em 2002, ultrapassou a marca de 10 mil, significando 11,6 idéias anuais por inventor. Nesse mesmo ano, todos os funcionários passaram a ter a função inventiva adicionada a seu contrato de trabalho e a ser chamados de inventores. Nos anos de 2003 e 2004, o número de idéias supera a marca de 30 por funcionário/ano. E, quando parecia ter se estabilizado nesse patamar, um novo e grande salto começa a ser preparado a partir do segundo semestre de

Tabela 3.4
Projeto Simplificação: número de idéias e idéias por funcionário/ano (2001 a 2006)

Ano	Número de idéias	Idéias por funcionário/ano	Porcentagem de aprovação
2001	2.453	2,7	43%
2002	10.387	11,6	47%
2003	28.940	31,8	43%
2004	31.922	34,3	62%
2005	45.364	48,7	82%
2006	105.402	121,1	90%

Fonte: Relatório interno da empresa.

2005. Assim, em 2005 o número de idéias atinge a marca anual de 45 mil e, em 2006, 105 mil, significando 48,7 e 121,1 idéias anuais por inventor, respectivamente – números muito superiores à própria média japonesa, conforme a JHRA e o National Association of Suggestion System.

Com efeito, o resultado de 2006 é muito superior à média atual das empresas líderes nesse processo no Japão. Segundo Godfrey, a média japonesa é de 24 idéias por funcionário/ano[88], praticamente metade da média da Toyota em 1986. Nesse ano, o sistema de sugestões da Toyota registrou o total de 1,5 milhão de idéias, uma média de 47,7 idéias por empregado/ano, com uma taxa de 96% de aproveitamento ou adoção[89]. Aliás, é interessante observar que o porcentual de aprovação das idéias do Projeto Simplificação manteve-se na faixa de 45% após o crescimento inicial do número de idéias (2002 e 2003), mas cresceu significativamente a partir de 2004, atingindo 90% em 2006.

As razões para o crescimento vertiginoso do número de idéias a partir da reformulação do programa podem ser encontradas na literatura. São elas, basicamente:

- rápida resposta ao gerador da idéia;
- rápida execução das idéias aprovadas; e
- celebração das idéias aprovadas.

Na visão da diretoria da Brasilata, apenas a terceira condição (celebração) estava presente em seu programa de sugestões, o que explicaria o registro aproximado de uma idéia por funcionário/ano em 1999 e 2000, número acima dos padrões brasileiros e ocidentais. Não obstante, tão logo o sistema teve condições de dar uma resposta rápida aos geradores de idéias e executar prontamente as idéias aprovadas, esse número cresceu de forma exponencial, como mostra a Figura 3.1. A reformulação do sistema impôs o prazo máximo de uma semana para a resposta ao gerador da idéia e de 30 dias para sua execução. Já o incremento substancial que determina um número superior a 105 mil idéias por inventor em 2006 teria origem em um outro fator, explicado a seguir.

Em 2005, a diretoria da Brasilata toma conhecimento do processo que a JHRA denomina *registro de idéias executadas*; a partir dele, o funcionário que introduz melhorias em seu próprio local de trabalho pode submetê-las ao programa, mesmo após sua implementação[90]. Assim, em meados de 2005, o Projeto Simplificação é alterado, permitindo aos inventores o registro das idéias que tivessem sido implementadas nos últimos 30 dias. Sem dúvida, a medida provocou notável crescimento do número de idéias registradas e, portanto, do porcentual de aprovação, uma vez que idéias desse tipo já nascem executadas e aprovadas. O registro da idéia executada desempenha importante papel em termos de gestão do conhecimento, pois, ao fazer parte do banco de dados, não corre o risco de ser perdido, além de possibilitar a conversão de conhecimento tácito em conhecimento explícito. Em 2006, considerando o número total de idéias, mais de 70% foram executados primeiramente e só depois registrados, o que explica o crescimento notável em relação ao patamar anterior.

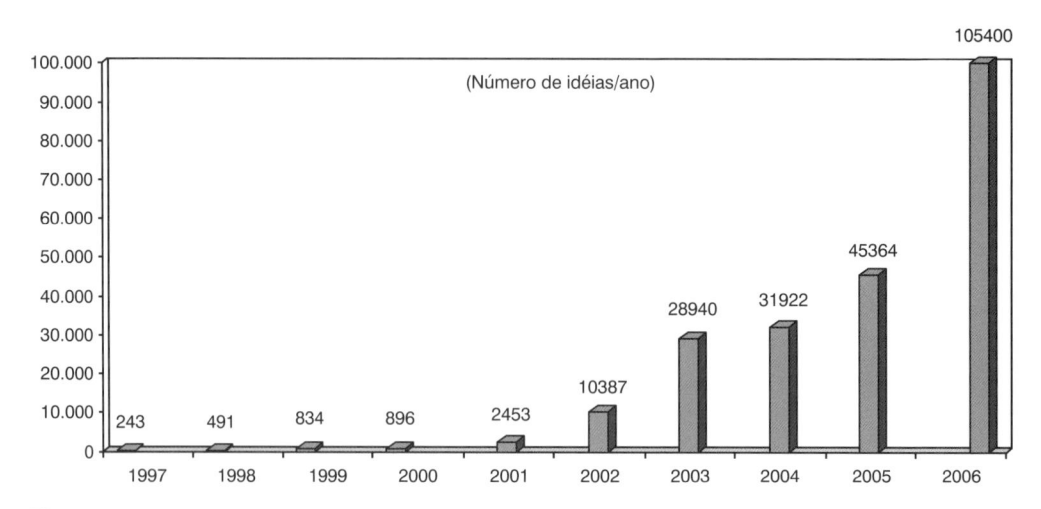

Figura 3.1
Número de idéias ao ano (1997 a 2006).
Fonte: Documentos da Brasilata.

Além disso, o Projeto Simplificação é tido na Brasilata como um programa de educação continuada, conforme recomendam os autores que estudaram o assunto, alguns dos quais citados anteriormente. A presença dos chefes e da alta direção tem sido uma constante, e o diretor-presidente, embora não participe do dia-a-dia da empresa, sempre comparece aos eventos de premiação, gesto que sinaliza a importância do Projeto para a companhia e lhe confere alta visibilidade – outra característica marcante do sistema baseado no *teian kaizen*.

O número de idéias geradas e aproveitadas constitui um dos principais parâmetros para medir o sucesso desse tipo de sistema. O total registrado revela o grau de participação dos empregados, a fluidez dos canais de comunicação e os processos de aprendizado. Das mais de 105 mil idéias enviadas em 2004 constam assuntos os mais diversos, tais como dispositivo da máquina, modelo de uniforme, horário das refeições, cardápio, sistema de cobrança bancária e serviço de assistência técnica.

Pelo fato de a empresa adotar um relacionamento de longo prazo com seus funcionários, demissões só ocorrem por motivos muito sérios, dentre os quais não constam a dispensa temporária de pessoal por redução da demanda ou mudança dos processos produtivos. Assim, são comuns as idéias que reduzem postos de trabalho, não raro com a extinção do posto de trabalho do próprio autor da idéia. Quando uma idéia desse tipo apareceu pela primeira vez, foi premiada e o funcionário que a concebera afirmou, durante a festa de premiação, no ato de receber o prêmio, que tinha pensado em eliminar o próprio posto de serviço como forma de reduzir os custos de produção, aumentando o lucro da empresa e, conseqüentemente, a participação de todos. A iniciativa foi muito elogiada pela direção, pois era emblemática da confiança do funcionário na filosofia da empresa. Um fato interessante então passou a ocorrer: os funcionários, sabedores que esse tipo de idéia era visto com admiração, puseram-se a pensar em como eliminar o próprio posto de serviço. Assim tornaram-se comuns as idéias com esse objetivo, conforme podemos ver nas Figuras 3.2. e 3.3. Vale notar que essas ilustrações reproduzem as idéias tal como apresentadas, de maneira simples mas objetiva.

Cabe aqui uma importante consideração quanto ao reconhecimento da empresa às idéias dadas. Conforme vimos anteriormente, a recompensa financeira é coletiva, representada pela participação de todos os inventores no lucro líquido após o imposto de renda (até 15%). Há, porém, uma forma importante de reconhecimento simbólico nas festas de premiações realizadas semestralmente nas unidades, as celebrações de que fala a literatura. Quando do início do crescimento elevado das idéias, em 2002, apesar da filosofia da empresa esse critério foi questionado. A partir do próprio sistema de sugestões, foi enviada à diretoria da empresa uma reivindicação anônima (essa espécie de comunicação não só é aceita como estimulada, desde que se trate de reivindicação) para a mudança do sistema de reconhecimento, reivindicação que dizia textualmente: "Enquanto a Brasilata fatura milhares de reais com as idéias do projeto, os funcionários têm de se contentar com migalhas...".

No intuito de confirmar a filosofia da empresa, o próprio diretor-superintendente transmitiu uma comunicação a todos os funcionários, parte da qual é transcrita a seguir:

> De tempos em tempos a Diretoria é questionada sobre a forma como são reconhecidas as contribuições dos funcionários (...) Cumpre, neste momento, reprisar a filosofia da Brasilata, que tanta admiração vem causando a muitos: **A Brasilata joga futebol, e não tênis!** Um time de futebol não pode dar todo o "bicho" [prêmio] para o centroavante que marcou o gol da vitória, porque a vitória pertence a todos, e não somente ao artilheiro. Se apenas o artilheiro fosse premiado, quem jogaria no gol, quem cobraria o escanteio, quem daria o passe para o jogador melhor colocado? Assim, os milhares de reais que a Brasilata possa vir a lucrar com uma idéia pertencem à família Brasilata, ou seja, ao time, e não ao autor da idéia (...) Esse é o bicho de todos. Se a idéia garantir uma redução permanente de custos, a economia será distribuída permanentemente a todos. Claro que existem empresas que jogam tênis e distribuem uma parte da economia (normalmente não mais de 10%), só do primeiro ano, ao inventor. Decididamente, esse não é o caso da Brasilata. Nada contra quem goste de jogar tênis, muitos o fazem e muito bem, mas esse não é o esporte praticado pela Brasilata. Alguém poderia então perguntar: por que damos prêmios às melhores idéias, se o resultado é distribuído a todos pela PLR? A resposta é simples: os prêmios nada mais são do que uma celebração, como o abraço que todos correm para dar ao artilheiro que acaba de marcar um gol aos 45 minutos do segundo tempo.

64 Gestão de idéias para a inovação contínua

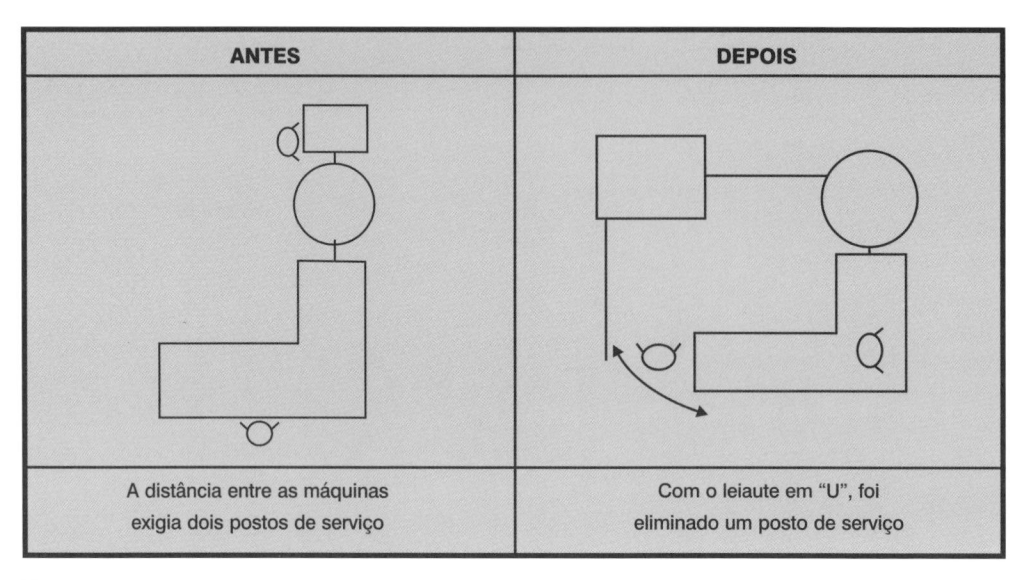

ANTES	DEPOIS
A distância entre as máquinas exigia dois postos de serviço	Com o leiaute em "U", foi eliminado um posto de serviço

Figura 3.2
Idéia nº SP-43.109: mudança de leiaute de prensas.

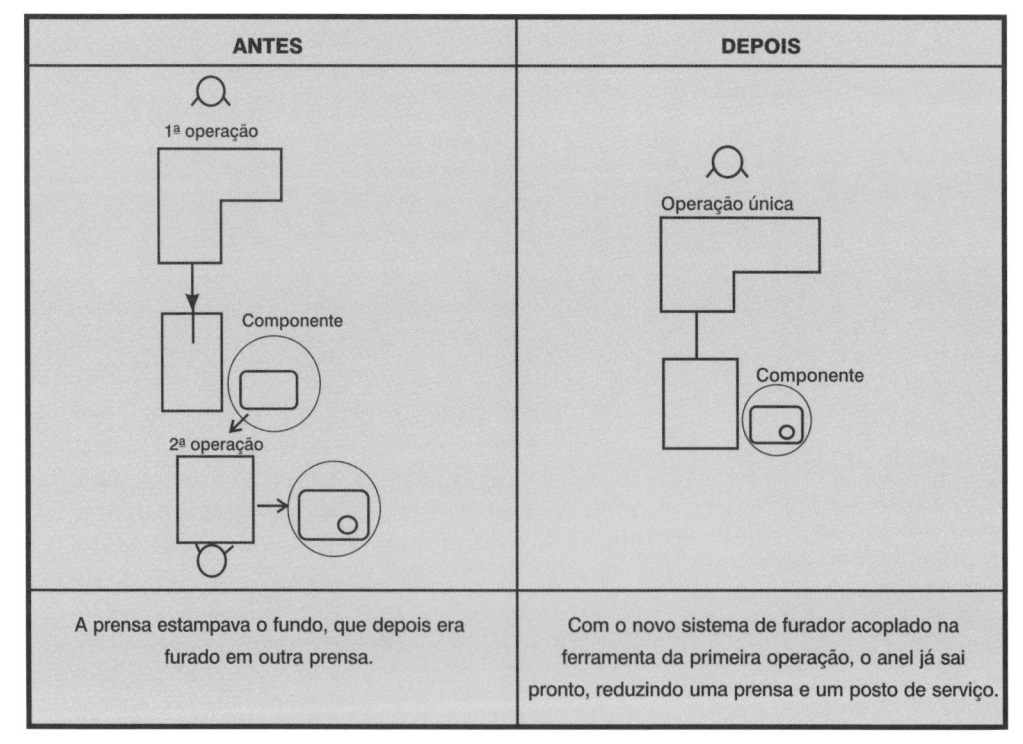

ANTES	DEPOIS
1ª operação / Componente / 2ª operação	Operação única / Componente
A prensa estampava o fundo, que depois era furado em outra prensa.	Com o novo sistema de furador acoplado na ferramenta da primeira operação, o anel já sai pronto, reduzindo uma prensa e um posto de serviço.

Figura 3.3
Idéia nº SP-37.096: furador acoplado.

> Até o goleiro vem lá da defesa e salta por cima de todos que estão abraçando o artilheiro. É a festa. Pois é, isso é a premiação do Projeto Simplificação (...) A festa e os prêmios simbólicos são as formas como a família Brasilata abraça os seus artilheiros (...) (Fonte: Comunicação Interna da Brasilata.)

Desde que essa mensagem foi mandada a todos os funcionários, em dezembro de 2002, não ocorreram mais questionamentos desse tipo. A cada trimestre, a diretoria se reúne com todos os inventores, para comunicar o resultado do ano. A reunião tem por finalidade jamais cobrar, mas prestar contas àqueles que são considerados acionistas virtuais da Brasilata: os funcionários. Cada funcionário se sente "dono" da empresa, e a diretoria considera esse um importante ativo intangível da companhia.

Embora grande parte das idéias enviadas seja simples, ocasionalmente surge uma "jóia da coroa", expressão comentada no capítulo anterior. O sistema *ploc off* (premiado e patenteado mundialmente) para fechamento de latas de produtos alimentícios em pó (leite, café, chocolate, etc.) nasceu de uma idéia concebida por uma funcionária da área administrativa, a partir de sua observação do sistema *Biplus* usado nas latas de tintas. Claro que muita energia foi despendida na área de desenvolvimento de produtos para viabilizar essa idéia, mas o lampejo inicial veio da referida funcionária.

A análise da grande evolução do número de idéias merece alguns cuidados. O sistema de estilo japonês capta as idéias, por mais simples que sejam. A maioria delas teria surgido mesmo sem um sistema formal, e muitas teriam sido igualmente implantadas. Entretanto, não teriam sido documentadas e armazenadas, o que poderia levar, no futuro, à perda do conhecimento. De maneira que o sistema *kaizen teian* exerce importante função na gestão do conhecimento.

Quanto a isso, observou-se que o sistema da empresa estudada desempenha papel fundamental. Aplicando-se o conhecido esquema de Nonaka e Takeushi, pode-se dizer que o sistema favorece o compartilhamento de experiências nos locais de trabalho, sua transformação em conhecimentos tácitos e daí em conhecimentos explícitos, primeiro como sugestões formuladas por escrito, depois pelas atividades de avaliação, implementação e documentação, gerando novas experiências e novos conhecimentos tácitos[91].

A manutenção de um sistema de sugestões com tais características faz parte de uma gestão do conhecimento de segunda geração. Enquanto o foco da primeira geração reside no fornecimento de conhecimentos existentes, o da segunda está na demanda de conhecimentos e na capacitação para produzi-los. Um aspecto importante da segunda geração é o reconhecimento da importância dos processos de auto-organização, pois as pessoas tendem a se auto-organizar em torno da produção e uso dos conhecimentos[92].

A maioria das idéias submetidas ao Projeto Simplificação é apresentada por equipes, como mostra a Tabela 3.5. É comum o primeiro idealizador desenvolver sua idéia com a ajuda de colegas, formando grupos auto-organizados geralmente estáveis, ainda que informais. Dado significativo para os sistemas do

Tabela 3.5
Projeto Simplificação: número de participantes por idéia em 2006

Participantes	Nº de idéias	Participantes	Nº de idéias
1	68.751	9	178
2	22.437	10	543
3	7.852	11	26
4	3.085	12	19
5	1.068	13	6
6	876	14	16
7	314	15 ou mais	77
8	154	Total	105.402

Fonte: Documentos internos da Brasilata.

tipo japonês é o número de empregados que jamais enviam suas sugestões. Dos cerca de 800 funcionários da empresa aptos a dar idéias (não são elegíveis para enviar idéias diretamente os chefes e os funcionários que fazem parte das equipes do projeto), apenas 21 não encaminharam nenhuma idéia em 2006, representando um percentual inferior a 3% do total. A porcentagem dos que não enviam sugestões é constantemente monitorada em sistemas do tipo *kaizen*, pois dar sugestões de melhorias é entendido como uma forma de participação importante e que reflete o modelo de gestão global da organização.

A gestão do sistema de sugestões

O Projeto Simplificação é administrado em cada uma das três unidades da Brasilata por uma equipe que se reporta diretamente ao diretor-superintendente. A coordenação de cada equipe fica a cargo da pessoa que exerce em sua unidade a chefia da Coordenadoria de Desenvolvimento Pessoal, setor que trata das atividades típicas de um órgão de Recursos Humanos, tais como seleção e recrutamento de pessoal, treinamentos, gestão de salários, comunicação interna, etc. Cada equipe conta com um auxiliar técnico, um auxiliar administrativo, um eletricista e dois mecânicos, exceto a unidade de Goiás, que só dispõe de um mecânico. Além destes, cada unidade possui também uma equipe indireta composta no mínimo por cinco pessoas, que atuam de modo voluntário.

Assim que uma idéia chega à equipe (por meio do sistema *on-line* ou da coleta nas caixas espalhadas pela unidade), ela passa por um exame formal de validação, que verificará se está completa, se não faltam, por exemplo, dados da pessoa que a enviou ou da sua seção. Na ausência de algum elemento que prejudique a identificação da pessoa ou o entendimento da idéia, a equipe local entra em contato com seu autor diretamente ou por meio dos voluntários. Validada a sugestão, a equipe a submete ao avaliador, não podendo esse processo levar mais de dois dias.

O Quadro 3.2 esquematiza o processo de avaliação de idéias. Quem as avalia é o coordenador da área a que se aplicam. O prazo máximo para que conclua sua avaliação é de sete dias, a contar da data de recebimento da idéia. Desse processo podem resultar quatro situações, a saber:

1 a idéia já foi executada: nesse caso, o avaliador apenas toma conhecimento dela e o(s) inventor(es) recebe(m) carta(s) com os cumprimentos;
2 a idéia é aprovada: nesse caso, o(s) inventor(es) recebe(m) carta(s) comunicando o fato e a chefia da área tem 30 dias para implantá-la;
3 a idéia é reprovada: nesse caso, o avaliador envia comunicação ao(s) inventor(es) com as justificativas da recusa; e
4 a idéia é repetida: como no caso anterior, o avaliador comunica o fato e mostra que houve repetição de uma idéia anteriormente apresentada.

Dois são os critérios para a aprovação das idéias: (1) sua aplicabilidade e (2) a relação benefício-custo. Em princípio, a relação de retorno em termos de custo-benefício de uma idéia não deve ultrapassar três anos. Os limites para a aprovação das idéias, em termos de custo de execução, obedecem aos seguintes critérios:

1 idéias muito simples (que em geral não implicam custos superiores a R$ 50,00) são aprovadas diretamente pelos inventores e comunicadas até 30 dias após sua implementação, para registro no sistema;
2 idéias que impliquem até R$ 100,00 de custo dependem da aprovação do avaliador (responsável pela área onde a idéia será aplicada), que goza de autonomia para tanto;
3 idéias que impliquem custos superiores a R$ 100,00 e inferiores a R$ 1.000,00 são aprovadas pelo gerente da área;
4 idéias acima de R$ 1.000,00 devem seguir o roteiro normal de qualquer gasto com investimento, respeitando os limites orçamentários da unidade;
5 idéias corporativas, isto é, que se aplicam à empresa como um todo, são avaliadas pela diretoria.

Para auxiliar as atividades da equipe e dar transparência às suas decisões, foi desenvolvido um *software* em parceria com um ex-funcionário, hoje sócio da

Quadro 3.2
Avaliação de idéias

Situações possíveis	Valores envolvidos	Avaliador	Ações
Idéia executada	Até R$ 50,00	Funcionário	O(s) próprio(s) inventor(es) executa(m) e envia(m) a idéia, informando que já foi implementada.
Idéia aprovada	Até R$ 100,00	Coordenador da área	O avaliador comunica a aprovação ao(s) inventor(es). O controle da implantação é de responsabilidade do coordenador da área.
	Superior a R$ 100,00 e inferior a R$ 1.000,00	Gerente da área	O avaliador comunica a aprovação ao(s) inventor(es). O controle da implantação é de responsabilidade do gerente da área.
	Superior a R$ 1.000,00	Gerente da área	O avaliador comunica a aprovação ao(s) inventor(es). O controle da implantação é de responsabilidade do gerente da área.
	Idéias corporativas	Diretor da área/assunto	O avaliador comunica a aprovação ao(s) inventor(es). O controle da implantação é de responsabilidade do diretor da área/assunto.
Idéia recusada	O avaliador envia comunicação ao gerador da idéia com as justificativas da recusa.		
Idéia repetida	O avaliador envia comunicação ao gerador da idéia mostrando que houve repetição de uma apresentada anteriormente.		

Brasilata. O acesso ao sistema é livre para qualquer funcionário, que pode navegar por suas telas para verificar o *status* de suas idéias, enviar sugestões à equipe, obter totalizações das idéias por área, por unidade, etc. As Figuras 3.2, 3.3, 3.4 e 3.5 apresentam exemplos de telas desse *software*. A Figura 3.2 mostra a tela inicial, disponível na intranet a todos os inventores. Para acessar o programa, basta digitar o registro do empregado (chapa) e a senha pessoal. A Figura 3.3 exibe a tela que permite ao inventor acessar as telas para envio de idéias e as telas que mostram o andamento do processo de avaliação ou execuções de suas sugestões. A Figura 3.4 ilustra a tela de entrada das idéias, na qual são informados os inventores, a descrição da idéia, os objetivos e as vantagens. O sistema permite que o inventor consulte o andamento de suas idéias por meio de uma tela própria para isso (Figura 3.5). A empresa disponibiliza a seus 900 funcionários 300 computadores, número que, apesar de elevado para o tipo de manufatura em que atua, não atinge diretamente a todos eles. Para facilitar o uso do software e

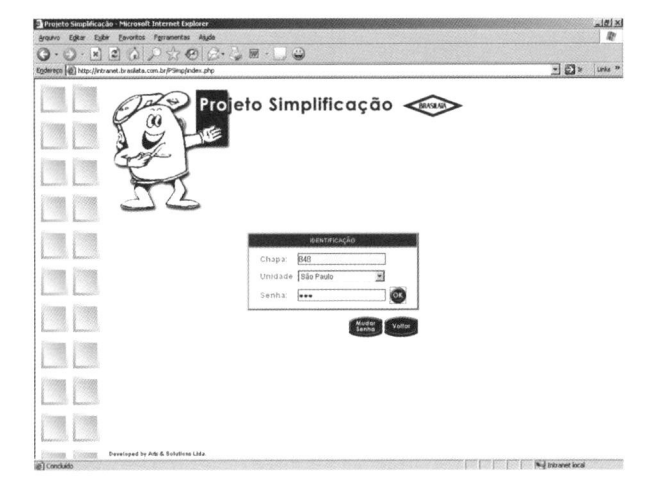

Figura 3.2
Entrada do inventor no sistema.

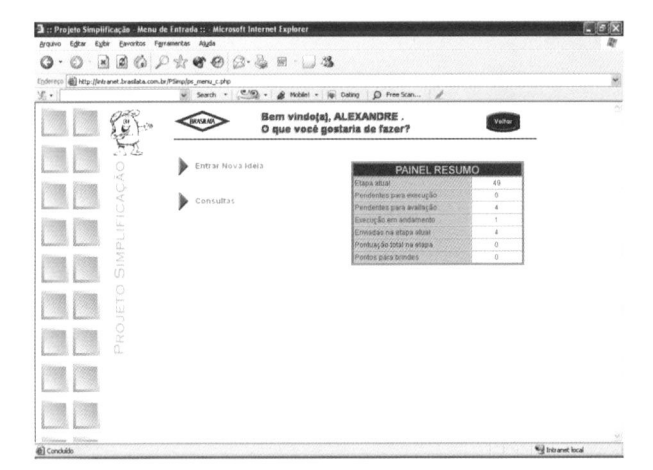

Figura 3.3
Envio de idéias pelo sistema e realização de consultas.

promover a inclusão digital do pessoal, criou-se uma espécie de cibercafé com computadores disponíveis para uso coletivo dos funcionários, que podem utilizá-los fora do horário de trabalho para qualquer assunto, navegar na internet, realizar trabalhos escolares, entre outros.

O sistema de sugestões da Brasilata apresenta características muito semelhantes às dos sistemas japoneses ou *teian kaizen*, como mostrado no Quadro 2.2. A maioria das idéias é aproveitada em inovações incrementais do tipo 100 dólares, de que fala Godfrey, ou do tipo parafuso e porca (*nuts-and-bolts*), conforme expressão usada por Marquis[93]. Porém, o sistema foi capaz de gerar idéias para inovações radicais, como aconteceu com o Fechamento Plus (ver Quadro 3.1), bem como outras com elevado grau de novidade. O número de pedidos de

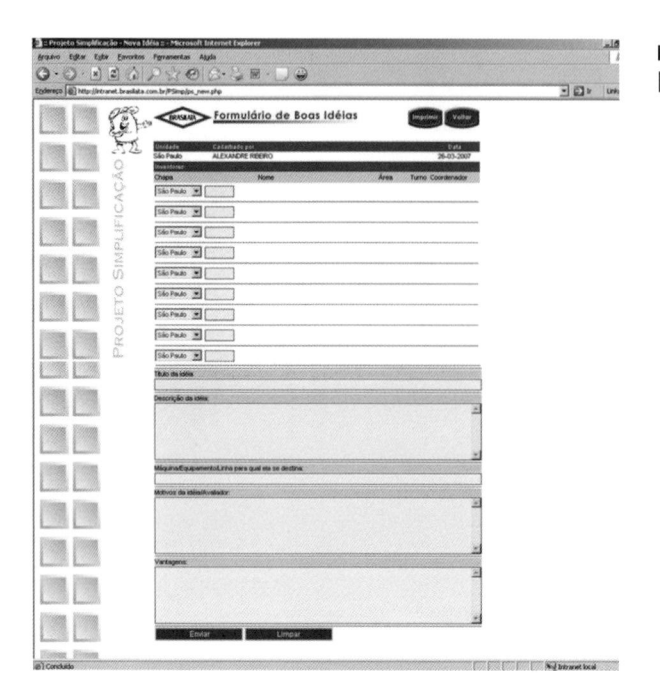

Figura 3.4
Entrada de idéias.

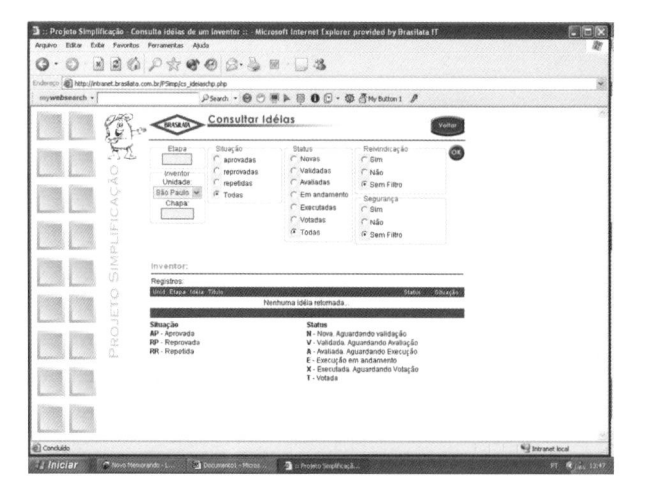

Figura 3.5
Consulta de idéias.

patentes dessa empresa (Tabela 3.6) é expressivo para uma companhia pertencente a um setor maduro como o de embalagens de lata de aço e dependente de tecnologia desenvolvida pelo setor de bens de capital para manter-se atualizada em termos tecnológicos. As empresas de setores com esse perfil não são geradoras de inovações significativas e, portanto, de patentes de invenção[94]. Esse número se explica pela existência de um meio inovador interno, para a qual a contribuição do Projeto Simplificação foi decisiva.

O Projeto Simplificação não gera apenas idéias sobre produtos e seus processos de produção, mas também idéias que melhoram a vida das pessoas no trabalho. Quando o sistema de sugestões é aberto à participação de todos e todas as sugestões são consideradas, como é o caso em pauta, é de se esperar que muitas delas se refiram a melhorias de interesse dos trabalhadores e que muitas venham a ser atendidas. Com isso, o ambiente de trabalho acaba melhorando, o que explica em grande parte os prêmios de "melhores empresas para se trabalhar" da revista *Exame*, citados anteriormente. Esse não é um fato comum a empresas processadoras de metais como a Brasilata; ao contrário, elas estão entre as mais problemáticas em matéria de provimento de boas condições de trabalho, devido à presença de ruídos, vibrações, odores, particulados e outros elementos que degradam a qualidade do ambiente interno. Muitas sugestões surgiram em decorrência de problemas desse tipo, os quais foram solucionados seguindo-se a metodologia supracitada, o que tornou a empresa um bom lugar para se trabalhar. Parte significativa das sugestões registradas na empresa refere-se aos produtos e processos, fabris e administrativos, cuja implementação em elevado grau, cerca de 80%, contribuem para torná-la competitiva em seu setor.

Celebrações

As celebrações sempre foram um ponto forte do Projeto Simplificação. Na visão da empresa, é o que lhe permitiu manter a média de sugestões elevada para os

Tabela 3.6
Invenções em produtos: número de pedidos de patentes (1992-2006)

Ano	Pedidos de patentes	Ano	Pedidos de patentes	Ano	Pedidos de patentes
1992	2	1997	2	2002	7
1993	2	1998	4	2003	6
1994	1	1999	1	2004	4
1995	0	2000	5	2005	5
1996	3	2001	5	2006	5
Total					52

Fonte: Relatórios internos da empresa.

padrões ocidentais, mesmo quando o sistema apresentava demoras nas respostas e na execução das idéias enviadas.

A cada mês é escolhida uma idéia vencedora em cada unidade. A condição básica para sua premiação é que tenha sido implantada com sucesso. Ao final de seis meses, uma grande festa é realizada em um sábado, da qual todos os funcionários (inventores) são convidados. Nela são entregues prêmios aos autores de cada uma das melhores idéias do semestre. Um prêmio é também entregue ao inventor com maior número de idéias e ao coordenador que tiver obtido a maior média de idéias por inventor no semestre. Os prêmios consistem de uma placa comemorativa e de um presente no valor aproximado de R$ 300,00, que é escolhido pelos diferentes autores premiados. Os inventores explicam a todos sua idéia premiada e devidamente implantada, com o auxílio de um vídeo no qual é exibida a situação antes e depois de sua implementação. A entrega solene fica a cargo dos diretores e gerentes. Em seguida é servido um grande almoço festivo. Como as datas das festas nas unidades não coincidem entre si, a diretoria, especialmente o diretor-superintendente, participa de todas elas, indicando à comunidade organizacional a importância dos eventos.

Além das duas festas anuais celebradas em cada unidade da empresa, realiza-se também anualmente, cada vez em uma unidade diferente, uma festa global em que são premiadas as melhores idéias do ano anterior em cada unidade. Essa celebração, parodiando o nome do importante torneio dos times campeões da Europa, é denominada Supercopa. Para sua realização a empresa providencia o translado e a estada dos inventores premiados, além de oferecer, a preços subsidiados, pacotes para inventores das outras unidades. A Supercopa de 2006, realizada em São Paulo, aproveitou a ocasião para prestar uma homenagem ao diretor-presidente e acionista majoritário da companhia, Waldemar Accácio Heleno, que recentemente completara 80 anos. Aliás, cabe mencionar que o apoio pessoal de Heleno, que participou da primeira celebração, em 1987, foi sempre um fator fundamental para o sucesso do Projeto Simplificação.

Círculos de Controle da Qualidade

O presente capítulo descreve um sistema de sugestões implantado e operado pela WEG SA* na forma de Círculo de Controle da Qualidade (CCQ). O CCQ é um sistema de sugestões estruturado com base no conceito de *kaizen* orientado para grupos, no que se distingue do Projeto Simplificação, que é orientado para pessoas. A princípio, apresentamos um breve histórico da WEG SA, destacando sua origem e modelo de gestão, e em seguida abordamos a forma de constituição e gestão dos CCQs, bem como os resultados alcançados. Sistemas baseados em grupos são relativamente mais simples de gerir que os baseados em pessoas, porque o número de idéias geradas é menor; vale notar, entretanto, que a quantidade de idéias geradas é também um importante indicador de desempenho de cada círculo e do modelo de gestão global dos CCQs. Por outro lado, os desafios para manter os grupos motivados e produtivos são semelhantes para os dois tipos de sistemas, constituindo uma questão central saber como mantê-los continuamente motivados e produtivos.

A empresa

A WEG, uma empresa de capital brasileiro fundada em 1961 no município de Jaraguá do Sul, Santa Catarina, é reconhecida nacional e internacionalmente

---

* Este capítulo contou com a colaboração inestimável do engenheiro Jaime Richter, diretor de Marketing e Recursos Humanos da WEG, a quem reiteramos os nossos mais sinceros agradecimentos.

por sua capacidade inovadora nos ramos em que atua. Originou-se de uma sociedade firmada entre Werner Ricardo Voigt, Eggon João da Silva e Geraldo Werninghaus para a produção de motores elétricos (daí o nome WEG, retirado das iniciais de seus fundadores), com cada um dos parceiros investindo um capital inicial equivalente a um fusquinha novo – na época, algo em torno de US$ 4 mil[95].

Hoje, a empresa figura entre as maiores fabricantes de motores elétricos para usos variados, geradores, componentes elétricos, transformadores, acionamentos e equipamentos para automação, para segmentos de revenda, OEM (*Original Equipment Manufacture*), eletrodomésticos, consumidores finais e concessionários. Além disso, atua na área de tintas e vernizes.

Exportando para mais de 100 países, com cerca de 67% de sua produção destinados à Europa e à América do Norte, a WEG obteve em 2006 um lucro líquido de R$ 502,8 milhões, 34% acima do montante auferido em 2005. Em 2004, aplicou R$ 33,5 milhões em P&D para o aprimoramento de processos industriais e dos produtos atuais, bem como em lançamentos de produtos novos; em 2005, seu investimento foi de R$ 62,6 milhões e, em 2006, de R$ 73 milhões, valor que, nesse ano, correspondeu a 2,4% de sua receita operacional líquida, da ordem de R$ 3.009,39 milhões. Em 2004, a empresa contava com 13.503 colaboradores, número que em 2005 subiu para 14.098, chegando a 15.473 no final de 2006[96-98].

Característica notável da empresa é seu elevado grau de verticalização, o que contrasta com a tendência dominante do setor. Em parte, essa característica se explica pelo isolamento da empresa em uma região do interior do Estado de Santa Catarina, condição que a obriga a prover internamente os recursos de que necessita para seu desenvolvimento, inclusive para o desenvolvimento de seu pessoal. A WEG conta com uma escola técnica de elevado nível e muito prestígio na região e na área em que atua. Em 2004, os investimentos em treinamento e desenvolvimento de pessoal[99] giraram em torno de R$ 9,6 milhões, subindo em 2006 para R$ 11,6 milhões (equivalentes a R$ 750,00 por empregado), um valor elevado sob qualquer parâmetro[100].

A partir da crise de meados dos anos 1980, a empresa também começou a introduzir técnicas gerenciais participativas, segundo os modelos japoneses. Embora não haja um comprometimento formal com respeito a emprego, como no caso da Brasilata, pode-se perceber, pelo que dizem os entrevistados, certa expectativa de que na WEG o emprego seja para toda a vida, sentimento reforçado pela política da empresa e pelos laços de relacionamento decorrentes da localização das unidades no entorno de Jaraguá do Sul. A WEG distribui até 12,5 % do lucro líquido entre seus colaboradores, condicionados ao cumprimento de metas corporativas, das unidades de negócio e dos departamentos, tais como, aumento das vendas, retorno sobre investimento e métricas de qualidade específicas de cada área[101]. Em 2006, foi distribuído aos mais de 15 mil trabalhadores da WEG o montante de R$ 66,4 milhões[102].

O sistema de sugestões

O sistema de sugestões da WEG baseia-se no conceito de *kaizen* orientado para grupos, sob a forma de Círculos de Controle de Qualidade (CCQ)[103]. Atribui-se à Ishikawa a criação dos CCQs no Japão, no início da década de 1960, ainda que desde os anos 1940 algumas empresas norte-americanas já contassem com grupos de trabalhadores organizados de modo voluntário para a resolução de problemas de qualidade[104]. O CCQ, tal como veio a ser conhecido, faz parte de um modelo de gestão global denominado Administração da Qualidade Total, mais conhecido pela sigla inglesa TQM (*Total Quality Management*). Um dos grandes gurus do Movimento da Qualidade, Armand V. Feigenbaum, já se referia aos CCQs como uma das formas mais difundidas de participação dos empregados nos programas de qualidade[105].

Um CCQ é constituído por pessoas que trabalham na mesma unidade e que se reunem voluntariamente para resolver problemas da unidade, sugerindo idéias, avaliando-as e as implementando ou ajudando a implementar. Entre seus principais objetivos estão o aprimoramento da qualidade e da segurança do trabalho, a redução dos custos e de todo tipo de desperdícios, bem como a melhoria das relações interpessoais. Em princípio, cada CCQ deve ser formado por um grupo pequeno, de 8 a 12 membros, na opinião de alguns[106]; outros aceitam até 20 pessoas[107]. Por se tratar de grupos pequenos, é comum observar mais de um CCQ na mesma unidade, sobretudo quando ela possui diversas áreas operacionais ou muitos colaboradores.

O círculo pode analisar qualquer tema de interesse para a empresa, mas o mais comum é que se debruce sobre os problemas de sua área específica. Segundo a WEG, o CCQ proporciona os seguintes benefícios à empresa e seus funcionários:

- diminui erros e aumenta a qualidade;
- desperta o interesse pelo trabalho;
- aumenta e aprimora o espírito de equipe;
- cria aptidões para resolver e evitar problemas;
- melhora as condições ambientais do trabalho;
- aumenta a comunicação dentro da empresa;
- desenvolve relações harmônicas entre a gerência e os funcionários;
- promove o desenvolvimento pessoal e de liderança;
- desenvolve maior consciência de segurança; e
- reduz custos.[108]

Como todo grupo, o círculo precisa que um de seus membros assuma a função de líder, seja para coordenar os trabalhos do grupo, seja para estabelecer comunicação com os dirigentes da área em que atuam e outros grupos, seja ainda para identificar necessidades de treinamentos específicos para os seus próprios membros. Para identificar e resolver problemas, os círculos costumam utilizar-se de instrumentos estruturados como os que citamos no Capítulo 1, sendo que o *brainstorming* é, via de regra, pelas vantagens já comentadas, o mais popular. Um dos benefícios proporcionados por um círculo é servir como elemento aglutinador de pessoas que refletem sobre as atividades das quais participam, transformando conhecimentos tácitos em conhecimentos explícitos.

No Brasil, os primeiros registros de implantação de CCQs datam da década de 1970 – em 1971, com a Volkswagen; em 1972, com a Johnson & Johnson; em 1974, com a Embraer; e, 1977, com a Cia. Hering, pioneira no Estado de Santa Catarina[109]. Na WEG, a introdução de técnicas japonesas ocorreu em 1982, em substituição aos grupos de racionalização do trabalho, mas também como resultado da grave crise econômica que reduziu drasticamente suas vendas, fazendo com que seus estoques atingissem o equivalente a quatro meses de produção, obrigando-a reduzir a jornada de trabalho e a conceder férias coletivas antecipadas para não ter de demitir seu pessoal.

Na WEG prevalece o entendimento de que os círculos devem ser formados preferentemente com membros da área de trabalho, constituindo grupos de quatro a sete participantes. Na ótica da empresa, a experiência indica que um número superior a sete membros prejudica o funcionamento do círculo, dificultando o consenso. Não há limite para a quantidade de círculos que podem ser formados em uma mesma área de trabalho; porém, para criar um novo CCQ em uma mesma área, é necessário obter a anuência do coordenador de CCQ dessa área[110]. Algumas áreas chegam a contar com centenas de CCQs, como é o caso da unidade de Motores da WEG, que em 2006 possuía 253 grupos. Vale notar o extraordinário crescimento desses grupos, pois em 2002 a mesma unidade possuía 183 deles – ou seja, em quatro anos verificou-se o acréscimo de 70 círculos. Tais dados atestam a vitalidade do sistema de sugestões da WEG.

As Tabelas 4.1 e 4.2 exibem os dados relativos ao desempenho dos CCQs nos últimos cinco anos. Em 2006, as áreas produtivas possuíam 328 grupos, ou seja, 80% do total de CCQs, enquanto as áreas administrativas contavam com apenas 82 (20%). De 1982 a 2006, os CCQs geraram 55.177 idéias implantadas, sendo 34% delas sobre ambiente de trabalho, 27% sobre qualidade, 18% sobre custos e 21% sobre questões diversas.

Nessa variante de sistema de sugestões do tipo oriental voltado para grupo, o número de idéias é também um indicador relevante, apesar de não se comparar com os números gerados pelo sistema orientado para pessoas, como é o caso da Brasilata. Isso se deve ao fato de que os grupos filtram as sugestões no intervalo entre uma reunião e outra, a fim de se dedicar àquelas de maior relevância para o momento em matéria de redução de custos e riscos, melhoria da qualidade, prevenção da poluição e outras considerações de interesse para a unidade e a empresa.

É também comum a captação de sugestões de colegas que não pertencem ao grupo, mas que são consideradas importantes por este. A empresa mantém um canal aberto *on-line* para que qualquer colaborador apresente suas sugestões.

Tabela 4.1
Número de CCQs e idéias geradas

Ano	Grupos	Média de reuniões	Média de idéias	Total de idéias
2002	336	13	14	4.636
2003	360	13	13	4.767
2004	392	12	12	4.664
2005	397	12	13	4.967
2006	410	12	13	5.482

Fonte: Relatórios internos da empresa.

Tabela 4.2
Idéias geradas e aprovadas

Ano	Idéias aprovadas		Idéias rejeitadas	Idéias pendentes do ano anterior
	Implementadas	Não-implementadas		
2002	3.766	436	434	20
2003	3.905	436	426	12
2004	3.675	606	383	65
2005	3742	670	555	24
2006	4152	835	495	10

Fonte: Relatórios internos da empresa.

Como as sugestões relacionadas com as atividades administrativas e operacionais são encaminhadas por intermédio dos CCQs, esse canal é usado basicamente para reivindicações e outras solicitações de pouca relevância para as inovações, o que é consistente com estudos anteriores. O CCQ acaba amesquinhando o sistema de sugestões individuais como fonte de idéias para inovações se não for tomado o cuidado para distinguir um do outro. Como mostra um texto da JHRA, os empregados podem ficar confusos se a empresa promove ambos os sistemas separadamente[111].

A gestão do sistema de sugestões

A organização dos CCQs na WEG segue o esquema apresentado na Figura 4.1. O Comitê da Qualidade, Segurança e Meio Ambiente é o órgão que delibera sobre as principais questões concernentes aos CCQs. Suas atribuições são fixar a política, a filosofia e a organização do CCQ, definir o programa anual de atividades, propor programas motivacionais de treinamento e critérios de premiação, analisar o desempenho do sistema, propor a implantação do programa de CCQ em unidades do grupo WEG, definir a estrutura necessária para a condução do programa e liberar recursos. A Seção de Apoio ao CCQ é o braço executivo do programa, que, além de coordenar as atividades do Comitê da Qualidade, Segurança e Meio Ambiente, tem as seguintes atribuições:

- orientar e apoiar a criação e manutenção de grupos de CCQs;
- orientar os líderes e grupos de CCQ sobre a organização e a sistemática dos trabalhos dos grupos;
- auxiliar os coordenadores, por departamento e por seção;
- promover o intercâmbio com CCQs internos e externos;
- implantar os CCQs nas unidades da empresa;
- planejar programas de treinamento;
- acompanhar as atividades e o desenvolvimento dos CCQs;
- planejar e organizar as campanhas motivacionais;
- informar o Comitê sobre a evolução do CCQ e suas atividades.[112]

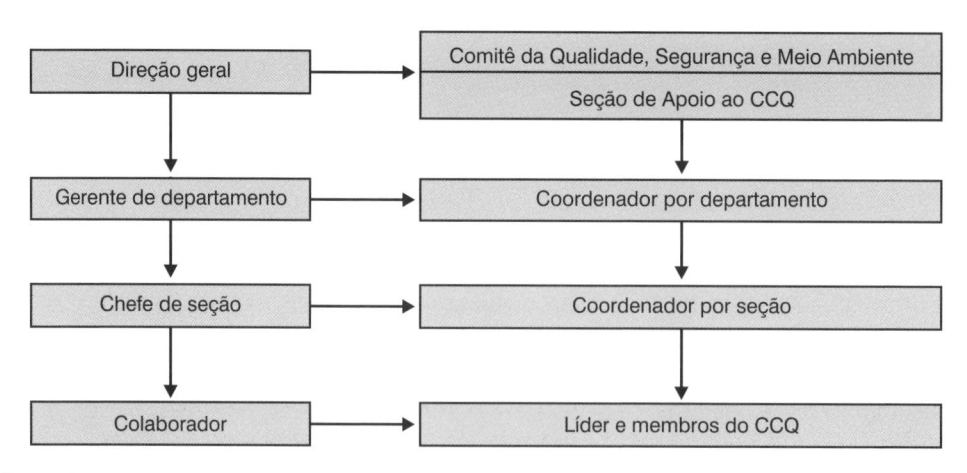

Figura 4.1
Organização dos CCQs na WEG.
Fonte: WEG S/A (s/d).

Há dois níveis de coordenação dos CCQs: no departamento, ela é exercida pelo gerente do departamento e, na seção, pelo gerente da seção. Ao primeiro cabe coordenar os CCQs de um departamento da empresa em conjunto com os coordenadores da seção que o compõe. São esses últimos que analisam as propostas dos círculos de sua seção, acompanhando a evolução delas até sua efetiva implantação. Quanto aos líderes dos CCQs durante a fase de sua criação, recomenda-se que seja alguém que possua uma posição de chefe ou supervisor, por estar mais preparado para a condução dos trabalhos de grupo. Passada essa fase inicial, é nomeada outra pessoa para liderar o grupo[113]. Eis as atribuições do líder:

- realizar pelo menos uma reunião mensal;
- redigir e apresentar as atas das reuniões ao coordenador da seção;
- desenvolver e aplicar técnicas de análises de problemas, tais como gráficos estatísticos, diagramas de causa e efeito, planos de ação, *brainstorming*, entre outras;
- participar da implantação dos trabalhos aprovados;
- informar os membros de seu grupo das decisões tomadas pelo coordenador do departamento quanto aos trabalhos apresentados;
- promover e disseminar o trabalho de equipe na rotina diária.[114]

A implantação de um CCQ é sempre de caráter voluntário, razão pela qual, uma vez criado a partir da iniciativa das pessoas que irão compô-lo, deverá prevalecer o princípio da não-obsessão por resultados, isto é, não poderá haver cobrança nesse sentido, pois a cobrança retira o caráter voluntário da iniciativa. A criação de um CCQ requer o cumprimento de cinco fases, grande parte das quais constituída por diversas etapas, conforme mostrado no Quadro 4.1. O apoio gerencial e um ambiente favorável à participação são condições essenciais para o funcionamento adequado dos círculos. As reuniões de cada CCQ são conduzidas por líderes. Cada grupo tem liberdade de programar suas reuniões e o tempo de duração, sendo ideal a realização de no mínimo uma reunião por mês.

O funcionamento do círculo é formalizado, desde a convocação da reunião até seu encerramento, quando o grupo deve elaborar uma ata da reunião e enviá-la à Seção de Apoio ao CCQ até no máximo 15 dias consecutivos após o evento. Embora cada grupo tenha liberdade para redigir a ata, devem ser contempladas, no mínimo, as informações que seguem:

- número da ata;
- data da reunião, com seu horário de início e término;
- relação dos participantes presentes e ausentes;
- descrição dos assuntos tratados, como identificação de problemas, idéias em estudo e sugestões implantadas;
- parecer dos coordenadores por seção e departamento.[115]

Quadro 4.1
Fases de implantação de um CCQ

Fase	Etapas
1	Elaboração do plano de implantação
	Elaboração do manual do CCQ
	Aprovação do plano
	Sensibilização da alta direção (reunião)
	Aprovação da forma de implantação
	Escolha do Comitê de Apoio
	Preparação do Comitê de Apoio
	Sensibilização dos chefes e gerentes
	Divulgação aos colaboradores (palestras – experiências da WEG)
2	Preparação do material de divulgação
3	Voluntariado (formação de grupos)
	Treinamento dos membros/líderes
	Realização das reuniões
	Escolha do nome e símbolo do grupo
	Cadastramento do grupo
4	Seminário de CCQ (apresentação dos trabalhos)
	Avaliação do CCQ
5	Definição das medidas corretivas necessárias

Fonte: WEG/ Treinamento. *Manual de Implantação do CCQ*, p. 8.

O plano de motivação do CCQ envolve quatro conjuntos de ações:

1. exposição do CCQ, realizada no mês de maio, quando cada grupo expõe um trabalho;
2. implantação do sistema de premiação, no qual 27 grupos são selecionados conforme os critérios criatividade, grau de dificuldade e resultados, sendo que esse último deverá priorizar a melhoria da qualidade e do ambiente de trabalho, além da redução de custos;
3. premiação de 20 grupos na forma de viagens e visitas técnicas, com a entrega de brindes individuais; e
4. reconhecimento por desempenho, em que oito grupos participam do sorteio de viagens e recebem prêmios na forma de brindes.[116]

Celebrações

A celebração também constitui um aspecto importante para a motivação de um sistema de sugestões baseado em grupos. Ela é feita mediante a exposição dos trabalhos dos CCQs e o sistema de premiação. Cada círculo pode inscrever um trabalho para a exposição, desde que conste da ata e não tenha participado de exposições anteriores. Somente os trabalhos que participaram da exposição do ano em curso podem concorrer à premiação.

O trabalho inscrito pelo CCQ é enviado a uma comissão avaliadora cuja composição, por funcionários da respectiva unidade ou área, é definida pela Seção de Apoio ao CCQ, em conjunto com a diretoria. Vale lembrar que em geral há vários CCQs em cada área. Cada grupo apresenta seu trabalho à comissão, que o julgará com base nos seguintes critérios:

- criatividade – avalia a originalidade da idéia para a solução do problema;
- grau de dificuldade – considera o processo de levantamento de dados, simulações, as dificuldades na busca de solução para o problema em pauta e a complexidade do tema quanto à origem, à formação do grupo e à metodologia adotada;
- resultados da implementação – deve focar um ou mais dos seguintes aspectos:
    - melhoria da qualidade do produto ou serviço prestado;
    - melhoria do ambiente físico e psicológico de trabalho, envolvendo questões como lay-out, redução da fadiga, melhoria no processo de comunicação, eliminação de agentes agressivos à saúde, às relações humanas e à segurança no trabalho, liberação de espaços e eliminação de fontes de sujeira, entre outras;
    - redução de custos, compreendendo aumento de produtividade, reaproveitamento de recursos, redução de desperdícios (matéria-prima, ferramentas, documentos, energia, etc.), racionalização no uso de materiais e equipamentos, economia de tempo, preservação de equipamentos e instalações.[117]

Os CCQs também são instrumentos de educação continuada, pois não funcionam sem que haja treinamento em temas específicos de interesse da unidade e em outros de interesse geral, como desenvolvimento do comportamento participativo, da liderança e de processos para estimular a criatividade, a exemplo do *brainstorming* e de outras técnicas estruturadas. Dados coletados na WEG mostram que em 2006 foram realizados 1.698 eventos de treinamento, envolvendo 35.036 colaboradores e totalizando 684.337 horas – números elevados para qualquer padrão. Entre os cursos oferecidos estão os seguintes: Liderança de Reuniões, Preparação para Membros e Líderes de CCQ, Expressão Verbal e Oratória, Criatividade em Equipe e Metodologias para Soluções de Problemas.

Como mostramos no Capítulo 1, os treinamentos em métodos para estimular a criatividade e resolver problemas são, via de regra, aplicados a grupos com atividades inovadoras específicas, como é o caso dos CCQs. O domínio de métodos como esses torna os membros dos CCQs mais eficientes na resolução criativa de problemas, transformando-os em geradores de idéias, implementadores das idéias que geram e facilitadores dos processos de inovação em geral.

Programa de Inovação e Criatividade – Click

O presente capítulo descreve um sistema de sugestões implantado na Suzano Papel e Celulose – Unidade Mucuri, sul do Estado da Bahia. A princípio, apresentamos a evolução dessa empresa e, posteriormente, seu sistema de sugestões. À diferença dos dois sistemas antes apresentados, o Programa de Inovação e Criatividade – Click encontra-se mais próximo do tipo de sistemas que a literatura pesquisada denomina tradicional ou ocidental, embora deles se afaste em certos aspectos, que serão aqui ressaltados. Sistemas do tipo tradicional procuram estimular a geração de sugestões que proporcionem elevados retornos tão logo implementadas. Já o Programa Click também estimula e premia sugestões que não trazem um retorno financeiro mensurável, o que permite classificá-lo como um sistema misto. No entanto, alguns aspectos característicos dos sistemas tradicionais estão presentes nesse programa: a avaliação das idéias como um processo complexo e bem estruturado e a premiação em dinheiro ao gerador de sugestões aprovadas. Tais aspectos não fazem parte dos sistemas descritos anteriormente.

A empresa

A história da Suzano Papel e Celulose tem início com a chegada de Leon Feffer ao Brasil, em 1921, após uma infância e adolescência transcorridas na Rússia. Foi ao começar a trabalhar como mascate, revendendo diversos tipos de mercadorias a varejistas de pequenas cidades, que Feffer percebeu que o mercado de papel era uma boa promessa, passando doravante a dedicar-se exclusivamente a essa atividade, até abrir sua própria firma, em 1923. Já era um comerciante próspero quando se desfez da própria residência, da sede da empresa, até mesmo das jóias da família, para construir sua primeira fábrica de papel. Assim nascia em 1941, no bairro do Ipiranga, a fábrica da Suzano.

Já a Bahia Sul Celulose foi constituída em 1987, quando a Companhia Suzano, no intuito de aumentar sua escala de produção, formou uma *joint venture* com a Vale do Rio Doce – CVRD para a criação de uma empresa produtora de celulose e papel no extremo sul do Estado da Bahia. Em setembro de 2002, a Companhia Suzano realizou uma oferta pública para adquirir todas as ações preferenciais por ela emitidas. Concluída essa oferta, a Companhia aumentou sua participação no capital social para 93,9%. Em 30 de junho de 2004, a Bahia Sul incorporou a controladora Companhia Suzano e alterou a denominação social para Suzano Papel e Celulose S.A.

A atual Suzano é uma das maiores produtoras totalmente integrada de papel e celulose da América Latina – um complexo formado por três fábricas, localizadas nos Estados de São Paulo (unidades Suzano e Rio Verde) e Bahia (unidade Mucuri, antiga Bahia Sul). Possui 237,7 mil hectares de terra, dos quais 164,5 mil são dedicados ao cultivo de eucalipto, com 211,8 milhões de árvores plantadas. Ressalte-se que a empresa está inserida em um setor cujo ambiente é altamente competitivo: entre 1993 e 2003, o mercado mundial de papel e celulose cresceu em média 3,4% ao ano, chegando a 44,5 milhões de toneladas em 2003. A fusão da Bahia Sul com a Suzano pode ser vista como um exemplo ímpar de sinergia.

A Bahia Sul caracterizava-se por uma série de atributos inteiramente diversos aos da Suzano. Por um lado, se seu foco inovador consistia numa gestão moderna e pioneira, como pode ser exemplificado com a primeira certificação ISO 14001 nas Américas e o prêmio de gestão ambiental do milênio, concedido pela ONU em 2000, a Suzano estava voltada para a inovação de produtos, os quais lhe valeram mais de 100 patentes e marcas até 2003. Por outro lado, o conservadorismo administrativo da Suzano, focado em uma hierarquia rígida, contrastava com a inovação gerencial de uma organização por comitês, adotada pela Bahia Sul. Nesse contexto conflitante, o papel do principal executivo da nova empresa integrada, Murilo Passos, ex-diretor da Vale do Rio Doce, consistia em montar um conjunto de melhores práticas, unindo o foco inovador de produtos da Suzano ao foco inovador de processos e práticas gerenciais da Bahia Sul, ganhadora em 2001 do Prêmio Nacional da Qualidade (PNQ). Na cerimônia de premiação, Passos assim declarou: "A vitória no PNQ não é o final, mas sim o primeiro passo na jornada para o aprendizado contínuo". Um dos programas que migrou da Bahia Sul para a Suzano, visando à transferência de tecnologia gerencial, foi o Click – Programa de Inovação e Criatividade.

Em 2006, a presidência da empresa passou às mãos do executivo Antônio Maciel, ex-presidente da Ford. Maciel, um dos criadores do Programa Brasileiro de Qualidade e Produtividade (PBQP), reforçou na Suzano sua estratégia voltada para a qualidade e a competitividade. Foram potencializados os programas Seis Sigma e Excelência Operacional, e confirmado, como balizador da gestão, o modelo do PNQ. Por sua parte, o Programa Click foi mantido sem alterações significativas.

O sistema de sugestões

O Programa de Inovação e Criatividade – Click surgiu inicialmente na unidade de Mucuri, em 2000, em função de uma série de condições históricas e estratégicas, entre as quais o alinhamento aos critérios de excelência do Prêmio Nacional da Qualidade (PNQ), a necessidade de disseminação da cultura da inovação e do intra-empreendedorismo numa estrutura organizacional voltada para a produção de *commodities*, bem como a inter-relação entre áreas e funções de uma organização que migrava de um modelo hierárquico funcional para um sistema matricial e pouco hierarquizado.

Encontrar um programa de sugestões que atendesse aos requisitos da unidade de Mucuri foi um processo que exigiu trabalho de pesquisa e *benchmark* com organizações bem-sucedidas em modelos já maduros e refinados. O programa de *benchmarking* tomou em consideração as seguintes organizações: IBM, Xerox, Citibank, Serasa, Alcoa, Copesul, WEG, Siemens, Catterpilar e Cetrel, todas ganhadoras do PNQ. Naquele momento, as organizações cujos modelos apresentavam resultados mais expressivos eram a Alcoa e a Siemens. A Alcoa exibia *paybacks* na faixa de 1,84 de retorno para cada R$ 1 investido, em comparação com os 2,54 da Siemens. Em ambos os casos, o foco estava na remuneração proporcional ao ganho obtido com a idéia, diferindo nos limites de pagamento, sendo o Programa 3i da Siemens o mais arrojado, pagando prêmios até o limite de R$ 100.000,00 (ver Quadro 2.1, p. 44).

O Programa Click é um sistema de sugestões que objetiva estimular os funcionários de qualquer área da empresa a gerar idéias, descobrir soluções e implementar inovações criativas para racionalizar processos e resolver problemas, aprimorando o desempenho global da organização. Ele se diferencia dos programas tradicionais de sugestões por algumas características próprias da empresa e da localização da unidade em questão, o município de Mucuri, conforme podemos ver no Quadro 5.1. Todos os colaboradores, estagiários e *trainees*, exceto diretores e gerentes, podem propor idéias, que, se aprovadas, são premiadas em dinheiro. As idéias podem ser de qualquer natureza, desde que tenham como objetivo solucionar problemas ou melhorar algo que resulte em benefício para a Suzano Papel e Celulose ou para as partes interessadas.

Gestão do sistema de sugestões

O Click é administrado pela área de competitividade da Suzano, uma gerência-sênior corporativa responsável por todas as unidades da Suzano Papel e Celulose (Mucuri, Suzano, Rio Verde, Anchieta, Embu das Artes e Buenos Aires) no que

Quadro 5.1
Programa Click – características

Características do programa	Peculiaridade organizacional
O programa visa basicamente à base da pirâmide organizacional.	A estrutura gerencial da Suzano é desenhada em comitês interdepartamentais. Em função da quantidade reduzida de níveis gerenciais, era preciso disseminar o conceito de intra-empreendedorismo entre os funcionários da base organizacional. Assim, buscava-se a autonomia requerida para iniciar o conceito de equipes autogerenciáveis.
O programa visa a subsidiar o intra-empreendedorismo, de modo que o resultado financeiro das inovações é requerido.	O Click remunera com valores mais expressivos as inovações com retorno financeiro. O programa pretende desdobrar o valor do empreendedorismo oriundo do fundador Max Feffer; nesse sentido, os colaboradores que propõem inovações são convidados a implantá-las.
Alinhamento estratégico às premissas organizacionais.	O programa incentiva, mediante premiações maiores, idéias que estejam alinhadas às premissas estratégicas da empresa (missão, visão, valores), em especial pela adesão aos critérios da sustentabilidade – ou seja, ganhos simultâneos para o social, o financeiro e o ambiental.

Fonte: Bahia Sul.

diz respeito aos programas de gestão para a excelência, gestão para a sustentabilidade, gestão da inovação, produtividade e *benchmarking*. O programa é coordenado pelo analista-sênior de competitividade, que se reporta ao gerente corporativo.

As sugestões recebidas são classificadas em duas categorias: (1) sugestões com retorno financeiro mensurável e (2) sugestões com retorno financeiro não-mensurável: as primeiras são aquelas que, uma vez implantadas, trarão benefícios com retorno financeiro ou redução de custos para a empresa; as segundas são as que trarão benefícios para os colaboradores e para o clima organizacional, mas sem um retorno financeiro mensurável para a empresa.

O processo de avaliação de uma sugestão inicia-se com seu encaminhamento por escrito em formulário próprio ou pelo sistema, com o proponente devendo responder à seguinte questão: o que deve ser melhorado e como pode ser melhorado? Qualquer idéia é válida, desde que vise a solucionar problemas ou melhorar algo que resulte em benefício para a empresa ou para as partes interessadas.

Os gerentes das áreas dos processos relacionados à proposta avaliam as idéias com base no conhecimento que possuem sobre esses processos e as necessidades ou oportunidades de melhoria. Eis alguns dos critérios de avaliação:

- participação do proponente na implementação da idéia;
- trabalho em equipe;

- impacto nos objetivos estratégicos da organização;
- escopo administrativo ou operacional;
- abrangência da aplicação da proposta;
- redução de custos;
- benefícios para a qualidade do produto;
- aumento da produção;
- impacto sobre o meio ambiente, a saúde e a segurança ocupacional.

Idéias com retorno financeiro mensurável

A partir de meados de 2005, o prêmio passou a variar de R$ 100,00, para idéias aprovadas sem retorno financeiro, até R$ 20.000,00, para as que geram retorno financeiro mensurável. Antes, o valor máximo concedido era de R$ 10.000,00. Eis uma situação típica dos sistemas remunerados: quando se pretende aumentar o número de idéias, aumentam-se os valores envolvidos nos prêmios. Na empresa em questão, basicamente calculam-se 10% do retorno líquido da idéia em 12 meses como prêmio multiplicados pelo fator pertinente da Tabela 5.1 e pelos valores de referência da Tabela 5.2. Uma idéia só será paga quando seu retorno financeiro for comprovado. Sob esse aspecto, o Programa é conforme o sistema tradicional, na medida em que o processo de avaliação percorre um fluxo de atividades bastante complexo e detalhado, como mostra a Figura 5.1, pois há premiações em dinheiro envolvidas e é necessário certificar-se de que haverá retorno para a empresa ou para o clima organizacional.

O exemplo a seguir ilustra a aplicação da metodologia de avaliação das idéias que geram retornos financeiros. Um problema percebido pelo funcionário

Tabela 5.1
Programa Click: fatores de avaliação das idéias

Fator	Significado da medida	Grau da medida	Valor
F1	Participação do proponente na implementação da idéia	Coordena a implantação	2,00
		Participa da implantação	1,50
		Não contribui para a implantação	1,00
F2	Trabalho em equipes	Proposta de grupo	1,50
		Proposta individual	1,00
F3	Natureza da idéia	Tem impacto direto nos objetivos estratégicos	1,50
		Tem escopo administrativo ou operacional	1,00

Fonte: Bahia Sul, Programa Click (s/d).

Tabela 5.2
Programa Click: valores de referência

Abrangência da aplicação da proposta	Valor de referência (R$)
Aplica-se a toda a empresa	200
Aplica-se a toda uma diretoria ou unidade	150
Aplica-se a uma gerência ou coordenação	100
Aplica-se pontualmente	50

Fonte: Bahia Sul, Programa Click (s/d).

Sérgio Horta, técnico de automação da Gerência de Manutenção, era a dificuldade encontrada pelo operador de área para identificar e remover o metal misturado ao cavaco sobre a correia transportadora em tempo hábil para não comprometer a alimentação do digestor. A tarefa era difícil na medida em que não se sabia a localização exata do metal detectado. A solução proposta foi criar um *sistema de jato de tinta* com a função de demarcar com tinta o local onde se encontra o metal. O novo processo traduziu-se em agilidade, uma vez que permitiu retirar menor quantidade de cavaco sobre o transportador, diminuindo o tempo de intervenção e conferindo maior segurança, já que a marcação da tinta evidencia ao operador o local onde realmente se encontra o metal misturado ao cavaco sobre o transportador. O sistema consiste de um cilindro abastecido com tinta e pressurizado a ar, montado com sobras de materiais reaproveitáveis da caldeiraria – daí o baixo custo de sua confecção. Quando acionado pelo detector de metais, ele esborrifa uma linha de tinta sobre o cavaco no transportador (Figura 5.2). O custo desse processo, antes da implantação do sistema, era de R$ 1.591.370,00, devido às perdas de produção com as paradas do digestor. Com o sistema de jato de tinta, o custo dessas perdas caiu para R$ 28.980,00, proporcionando uma economia líquida anual de R$ 1.562.390,00. O autor da idéia foi contemplado com o prêmio máximo.

O programa Click tem se caracterizado pela engenhosidade das idéias operacionais apresentadas, algumas das quais adotadas pelos fabricantes dos equipamentos em função da sua contribuição à segurança ou ao meio ambiente. Por exemplo: na unidade da Bahia um tipo de válvula instrumentada borboleta, de acordo com o projeto original não oferecia condição de bloqueio, pois, com a falta de ar, a condição de bloqueio era perdida, podendo causar acidentes com as pessoas envolvidas na manutenção. Além disso, para uma intervenção em uma bomba, por exemplo, era necessária a drenagem da tubulação conforme procedimento de bloqueio de segurança, o que demorava em média 3,0 horas por ocorrência. A idéia aprovada no Click adaptava uma trava mecânica nas

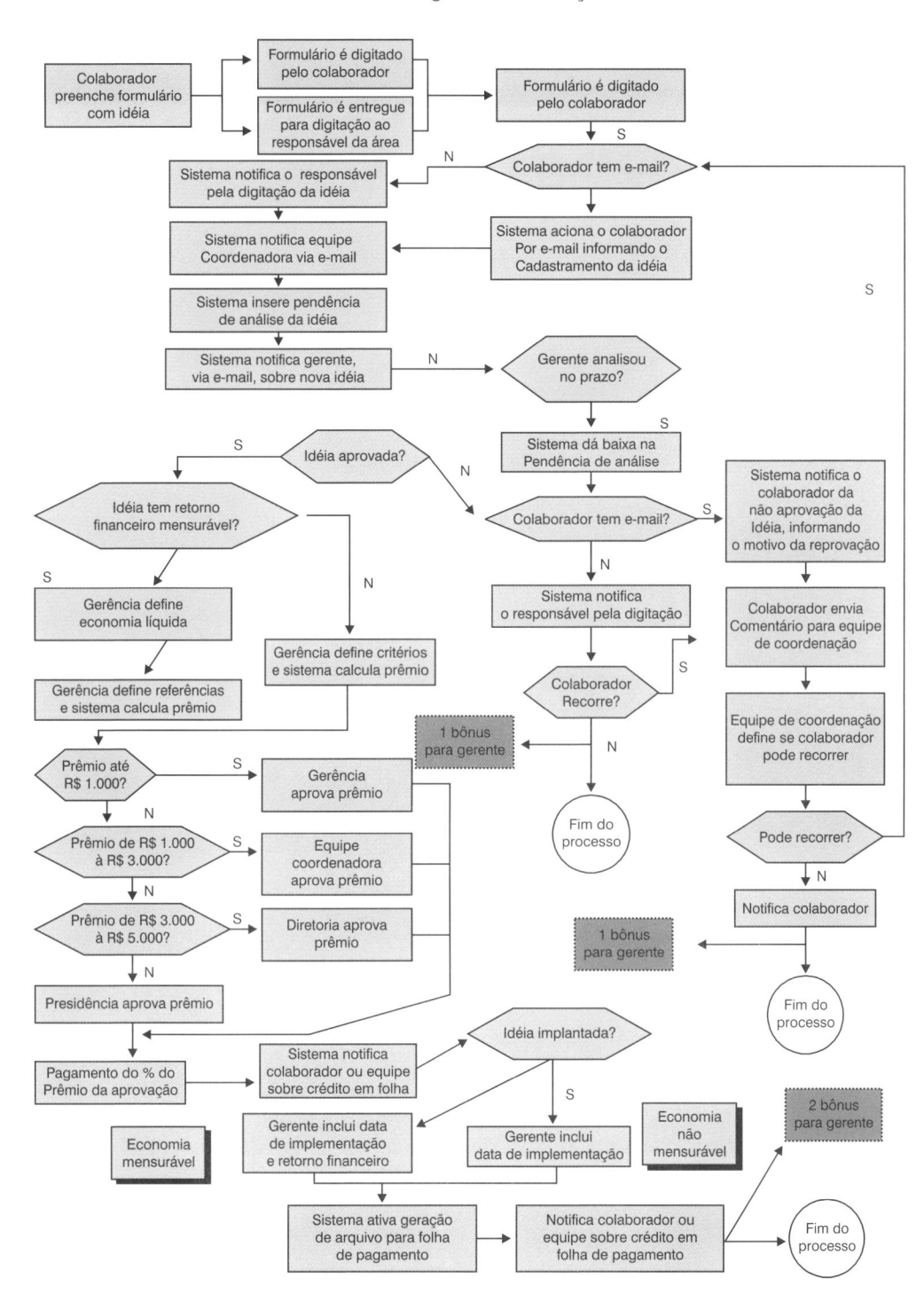

Figura 5.1
Processo de avaliação do Click.
Fonte: Bahia Sul, Programa Click (s/d).

Figura 5.2
Sistema de jato de tinta.
Fonte: Bahia Sul, documentos técnicos internos.

válvulas com garantia de condição de bloqueio (Figura 5.3). Considerando-se uma parada de 3,0 horas por ocorrência, isso equivalia a uma perda de 216 t de massa branqueada de celulose, totalizando-se US$ 69.336,00 por ocorrência. O retorno financeiro em um ano foi de R$ 644.824,80, além de ter evitado a realização de aquisições de válvulas mais seguras no valor de R$ 1.000.000,00. O Quadro 5.2 apresenta os requisitos para efeito da análise qualitativa dessa idéia. Note que essa análise leva em conta o alinhamento da idéia à estratégia da organização e aos requesitos de qualidade, custos, impactos sobre o meio ambiente, segurança e saúde ocupacional. O Quadro 5.3 apresenta outros exemplos de idéias aprovadas e que também receberam o prêmio máximo como a deste caso.

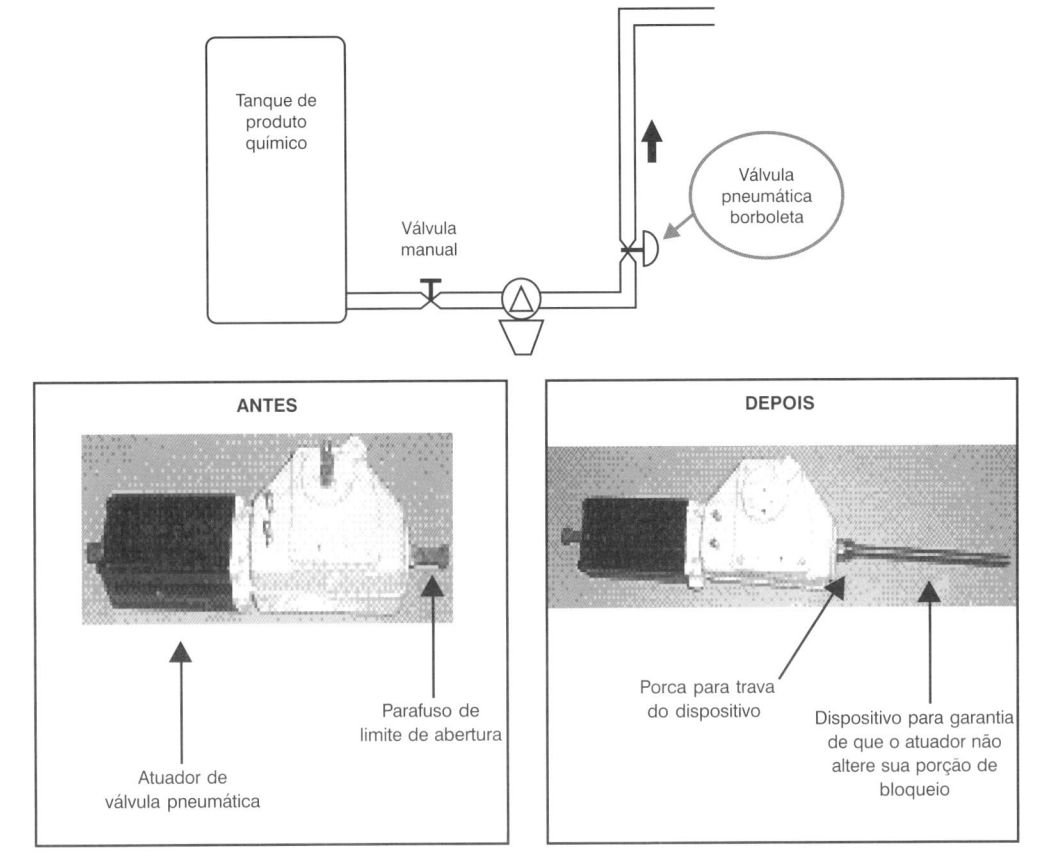

Figura 5.3
Ilustração da inovação com idéia gerada pelo Programa Click.
Fonte: Bahia Sul, documentos técnicos internos.

Idéias com retorno financeiro não mensurável

Idéias com retorno financeiro não mensurável ou de difícil mensuração também são objeto de análise e premiação. Aqui vale acrescentar o alinhamento do programa Click com a gestão de ativos intangíveis também característica da Suzano. A não premiação de idéias que potencializem ativos intangíveis seria um contrasenso e inconsistência estratégica, como por exemplo, idéias de caráter associados à marca, à melhoria da qualidade de vida e ao bem-estar da comunidade vizinha. Para isso foi criado um conjunto de critérios para analisar idéias não mensuráveis, mostrado no Quadro 5.4, que é um formulário da empresa usado pontuar as idéias. A remuneração das idéias sem retorno financeiro varia de um mínimo de R$ 100,00 até o limite máximo de R$ 600,00, como mostra a Tabela 5.3, nesse caso se a idéia obtiver 15 pontos, que representa um alto grau de relevância da idéia nos cinco fatores de avaliação indicados no Quadro 5.4. A

Quadro 5.2
Análise qualitativa da idéia: requisitos e comentários

Requisitos	Sim/Não	Comentários
Melhora a qualidade do produto papel e/ou celulose?	S	Evitando paradas, podemos evitar oscilação na qualidade do produto.
Traz benefícios ao meio ambiente?	S	Evitando paradas, evitamos a necessidades de efetuar drenagens de massa e produtos químicos.
Traz aspecto adverso (negativo) ao meio ambiente?	N	
Houve eliminação ou redução de algum risco mapeado (consultar matrizes de risco)?	S	Matriz de risco da manutenção mecânica, código DR-00191 – RV-00, PR-1000034
Houve a introdução de algum novo risco à segurança e saúde ocupacional?	N	
Tem impacto direto nos objetivos estratégicos? (consultar DOL)	S	Evitando perdas de produção, temos impacto na lucratividade da empresa.
Aumenta a produção de papel e/ou celulose?	S	Considerando às condições em que é necessário parada da produção pela falta da condição de bloqueio, a instalação permite aumento da produção.
Gera redução de custos no processo de produção?	N	
Gera redução de custos no processo de manutenção?	N	
Gera redução de custos no processo de apoio (atividades de laboratório, logística, estocagem, vida útil de aterro)?	N	
Gera redução de custos administrativo	N	
Gera redução de custos no consumo de insumos?	N	
Gera redução de custos na aplicação de mão-de-obra direta?	N	
Gera redução de custos na aplicação de mão-de-obra indireta?	N	
Reduz perdas?	S	Em cada situação onde o bloqueio mecânico está sendo utilizado, eliminou a necessidade de parada do setor.

Quadro 5.3
Idéias com retorno financeiro mensurável: exemplos

Idéias (autor/autores)	Resumo
Redução do consumo de água industrial na máquina de papel (Marco Antonio Correia da Silva)	Reaproveitamento da água que circula nas camisas dos tanques de amido superficial do *Speed Sizer* para controlar a temperatura do amido. Antes da idéia essa água era descartada na canaleta de efluentes.
Modificação da voluta da bomba de transferência de licor caustificado (Luiz Marcus Saraiva da Rocha)	Troca da voluta e da tampa da carcaça das bombas de transferência de licor caustificado através da realização de projeto interno.
Alinhamento mecanizado com uso de grade em área de implantação (José Rones)	Operacionalização da atividade de plantio esquadrejado em áreas de implantação por meio do uso de grade alinhadora.
By-pass de emergência móvel em gavetas elétricas e inversores (Wanklebes Ramos, Herfim Pires Macedo Neto e Romário Silvestre Kock)	Redução do tempo de parada de produção de 4 horas para 30 minutos através do *by-pass* de gavetas ou *drivers* elétricos em falha.
Mudança na lógica de controle das roscas extratoras de biomassa para evitar quebras (Henoque Herculano da Silva)	Redução de 5 minutos para 1 minuto o tempo de entrada do sistema de translação para estabilização do esforço e retirada da biomassa do silo para o transportador.
Redução do consumo de vapor (Gerson Aparecido Tiarga)	Aumentar a pressão interna do tanque central de condensado obrigando a válvula que estava jogando vapor para ATM fechar completamente, evitando a eliminação de vapor.
Automação no processo de diluição e dosagem de coagulantes no tratamento de água industrial da SPC. (Claudio Roberto Leite Sanches)	Mudar os sistemas de diluição e dosagens de manual para automático para minimizar a possibilidade de erros na diluição e dosagens reduzindo o consumo de coagulantes e demais produtos químicos.

Fonte: Documento do Click.

seguir será dado um exemplo da aplicação desse método de avaliação de idéias cujo retorno financeiro não é mensurável.

Wasley Bressaneli, que atua na Gerência Operacional da Suzano, identificou o seguinte problema. Nas janelas de saída de emergência dos ônibus que transportam os colaboradores da empresa e outros, existe uma cortina de pano fixada por duas cordas (parte inferior e superior) que pode ser movimentada apenas para a direita e esquerda. A solução proposta foi liberar a parte inferior da cortina (deixar solta da corda) para que os movimentos da mesma não fiquem mais limitados à direita e esquerda, permitindo aos passageiros maior facilidade para

Quadro 5.4
Critérios para análise de idéias com retorno financeiro não mensurável

Fator de avaliação	Grau de relevância da idéia			Pontos de avaliação
	Baixo 1 ponto	Médio 2 pontos	Alto 3 pontos	
1. Abrangência do aproveitamento da idéia na Suzano Papel e Celulose (SPC)	A idéia aplica-se a uma Divisão de uma certa Unidade da SPC.	A idéia aplica-se a uma ou mais Unidade da SPC.	A idéia aplica-se a todas as unidades da SPC.	
2. Contribuição para a imagem positiva da SPC	A idéia contribui positivamente para a imagem da SPC junto a setores e áreas de atividades internas.	A idéia contribui para o fortalecimento da imagem positiva da SPC junto às comunidades próximas a uma ou mais Unidade de Negócio ou, no máximo, em nível regional.	A idéia contribui para o fortalecimento da imagem positiva da SPC em nível nacional, ou mesmo internacional.	
3. Sinergia da idéia para com a visão, a missão, os valores, as políticas e os códigos da SPC.	A idéia tem alguma correlação para com a visão, a missão, os valores, as políticas e os códigos da SPC.	A idéia tem média correlação para com a visão, a missão, os valores, as políticas e os códigos da SPC.	A idéia tem forte correlação para com a visão, a missão, os valores, as políticas e os códigos da SPC.	
4. Importância da idéia para com a melhoria das relações da SPC com as partes interessadas.	A idéia tem baixa contribuição para a melhoria das relações da SPC com a força de trabalho ou com comunidades, órgãos governamentais, ONGs, clientes, fornecedores, governo e/ou sociedade em geral.	A idéia tem média contribuição para a melhoria das relações da SPC com os colaboradores ou com comunidades, órgãos governamentais, ONGs, clientes, fornecedores, governo e/ou sociedade em geral.	A idéia contribui decisivamente para a melhoria das relações da SPC com os colaboradores ou com comunidades, órgãos governamentais, ONGs, clientes, fornecedores, governo e/ou sociedade em geral.	
5. Facilidade técnico-financeira para a implantação da idéia.	A idéia, para ser implantada, encontra obstáculos técnicos e/ou financeiros muito complexos.	A idéia, para ser implantada, requer esforço técnicos e/ou investimentos razoáveis (custos × benefícios).	A idéia é facilmente implementável do ponto de vista técnico e financeiro.	
		Total da avaliação		

Fonte: Documento do Click.

Tabela 5.3
Equivalência de pontos em valores (R$)

Pontos	R$	Pontos	R$	Pontos	R$
5	100,00	8 a 9	300,00	12 a 13	500,00
6 a 7	200,00	10 a 11	400,00	14 a 15	600,00

Fonte: Documento do Click.

sair do ônibus e, portanto, maior segurança, por isso, a idéia se enquadra no item de Segurança Preventiva. Com essa idéia extremamente simples todas as saídas de emergência foram desobstruídas, proporcionando mais segurança aos passageiros. Em caso de ocorrência de acidentes com necessidade de uso da saída emergencial, os passageiros terão maior facilidade para abertura das janelas, já que não terão impedimento das cortinas. O Quadro 5.5 apresenta o resultado da avaliação dessa idéia, que obteve 12 pontos, o que deu ao seu autor uma remuneração de R$ 500,00. Outras de idéias com retorno financeiro não mensuráveis aprovadas pelo Programa Click estão exemplificadas no Quadro 5.6.

O programa tem trazido alto retorno financeiro para empresa, por exemplo, em 2007 a empresa contabilizou 2254 idéias (1,9 idéias/colaborador elegível), sendo o índice de aprovação de 13,86%. A empresa pagou R$ 382.516,36 em prêmio e recebeu de volta R$ 9.814.464,64. Para cada R$ 1,00 pago em prêmio a empresa teve um retorno de R$ 25,70. As Figuras 5.4 e 5.5 apresentam outros

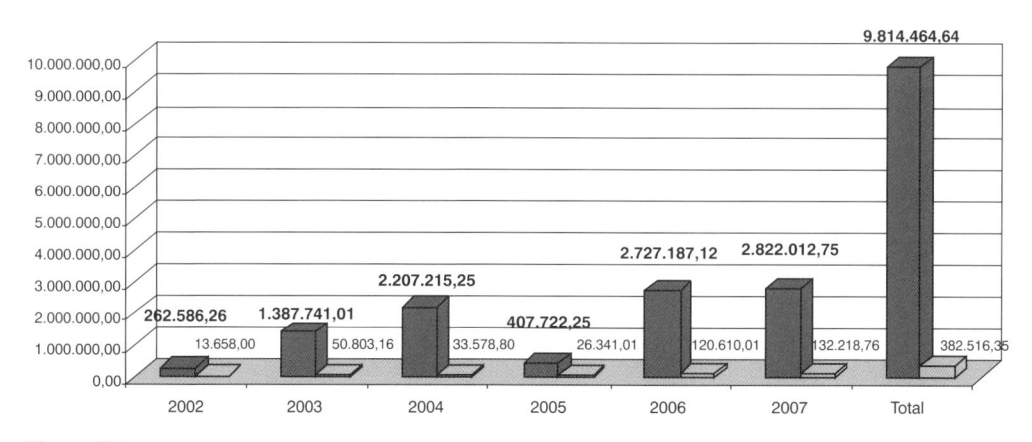

Figura 5.4
Programa Click: retorno financeiro de 2002 a 2007.
Fonte: Documentos do Click

Quadro 5.5
Avaliação de idéia com retorno financeiro não mensurável

Fator de avaliação	Grau de relevância da idéia			Pontos de avaliação
	Baixo 1 ponto	Médio 2 pontos	Alto 3 pontos	
1. Abrangência do aproveitamento da idéia na Suzano Papel e Celulose (SPC)	A idéia aplica-se a uma Divisão de uma Unidade da SPC.	A idéia aplica-se a uma ou mais Unidade da SPC.	A idéia aplica-se a todas as unidades da SPC.	2
2. Contribuição para a imagem positiva da SPC	A idéia contribui positivamente para a imagem da SPC junto a setores e áreas de atividades internas.	A idéia contribui para o fortalecimento da imagem positiva da SPC junto às comunidades próximas a uma ou mais Unidade de Negócio ou, no máximo, em nível regional.	A idéia contribui para o fortalecimento da imagem positiva da SPC em nível nacional, ou mesmo internacional.	1
3. Sinergia da idéia para com a visão, a missão, os valores, as políticas e os códigos da SPC.	A idéia tem alguma correlação para com a visão, a missão, os valores, as políticas e os códigos da SPC.	A idéia tem média correlação para com a visão, a missão, os valores, as políticas e os códigos da SPC.	A idéia tem forte correlação para com a visão, a missão, os valores, as políticas e os códigos da SPC.	3
4. Importância da idéia para com a melhoria das relações da SPC com as partes interessadas.	A idéia tem baixa contribuição para a melhoria das relações da SPC com a força de trabalho ou com comunidades, órgãos do governo, ONGs, clientes, fornecedores e/ou sociedade em geral.	A idéia tem média contribuição para a melhoria das relações da SPC com os colaboradores ou com comunidades, órgãos governamentais, ONGs, clientes, fornecedores, governo e/ou sociedade em geral.	A idéia contribui decisivamente para a melhoria das relações da SPC com os colaboradores ou com comunidades, órgãos governamentais, ONGs, clientes, fornecedores, governo e/ou sociedade em geral.	3
5. Facilidade técnico-financeira para a implantação da idéia.	A idéia, para ser implantada, encontra obstáculos técnicos e/ou financeiros muito complexos.	A idéia, para ser implantada, requer esforço técnicos e/ou investimentos razoáveis (custos x benefícios).	A idéia é facilmente implementável do ponto de vista técnico e financeiro.	3
Total da avaliação				12

Fonte: Documento do Click.

Quadro 5.6
Idéias com retorno financeiro não mensurável: exemplos

Idéias (autor)	Benefício para a Empresa
Automação do controle de extintores de incêndio nas unidades Suzano (Gilberto Pereira Amaral)	Garantia de confiabilidade e aumento da segurança
Identificação das ruas da Fábrica Mucuri (Wanklebes Ramos)	Impacto indireto na imagem organizacional
Abrir consultório odontológico junto ao SESI para funcionários e dependentes (Ivan Luiz Alves Silva)	Impacto indireto no clima

Fonte: Documento do Click.

dados relevantes do Programa Click quanto aos resultados obtidos. Um fato considerável é a aceitação favorável ao Programa e seu conseqüente impacto no clima organizacional. Esse impacto é facilmente percebido com aparecimento da empresa no *ranking* Exame de Inovação e Intra-empreendedorismo, no qual a unidade Mucuri foi a sexta colocada em 2005[118]. A organização também se

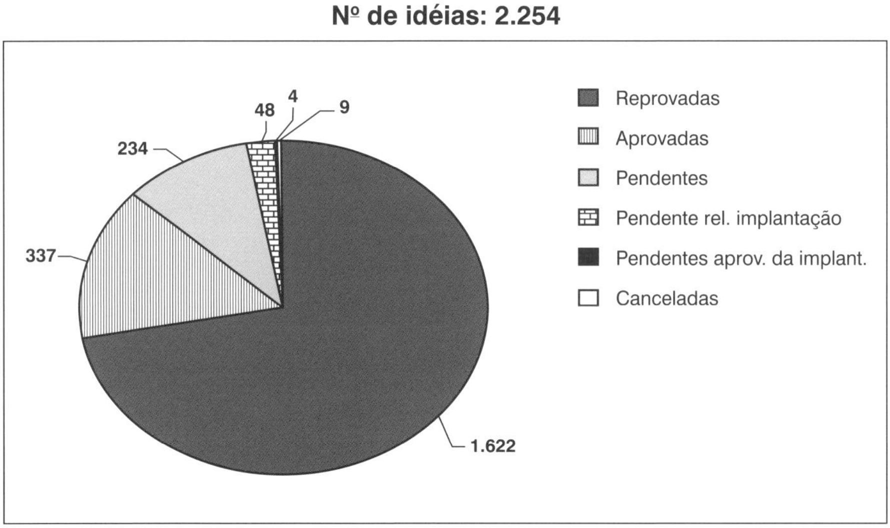

Nº de idéias: 2.254

- Reprovadas: 1.622
- Aprovadas: 337
- Pendentes: 234
- Pendente rel. implantação: 48
- Pendentes aprov. da implant.: 4
- Canceladas: 9

Figura 5.5
Programa Click: balanço das idéias aprovadas em 2007.
Fonte: Documentos do Click.

classificou entre as 150 Melhores para Trabalhar, também pela revista EXAME em 2004 e em 2006*.

A Suzano historicamente é responsável por rupturas importantes no setor de papel e celulose no Brasil. Recentemente, a introdução do papel reciclado em escala industrial no Brasil, alterou o mercado de maneira dramática, tendo sido responsável por transformações vitais no mercado de papel, em especial, a adoção como o papel do sistema documental do Bradesco e do Banco Real, além de ter gerado a alteração de todas as embalagens da Natura.

Em um ambiente de inovações de ruptura o Programa Click consegue trabalhar nas pequenas idéias com grandes impactos financeiros. O programa dá atenção as sugestões de operadores e funcionários do setor florestal, que em geral estão ausentes dos grandes ciclos de inovação. Associando intra-empreendedorismo com inovações incrementais e um retorno de 2 milhões de dólares por ano é uma demonstração inequívoca a favor de uma das máxima dos programas da qualidade: *faça simples*.

---

* Além desse, a empresa obteve os seguintes prêmios: Millenium Business Award concedido pela ONU em 2001; Prêmio Nacional da Qualidade (Bahia Sul Celulose) em 2004; Prêmio Paulista da Qualidade (Unidade Distribuição) em 2004; Prêmio Eco – Câmara Americana de Comércio em 2005; Empresa modelo de Responsabilidade Social, REVISTA EXAME, guia de cidadania em 2004, 2005 e 2006.

Novos tipos de sistemas de sugestões

6

Os programas de sugestões ora analisados apresentam grandes diferenças quanto às suas características, embora pareçam estar perfeitamente adaptados aos propósitos estratégicos que apóiam e ao perfil organizacional das empresas que os desenharam. Cada um dos três sistemas de sugestões diverge quanto a seus princípios constitutivos, resumidos no Quadro 6.1. Os sistemas da Brasilata e da WEG podem ser classificados como sistemas participativos, enquanto o da Suzano, como sistema de sugestões remuneradas.

As denominações extraídas da literatura especializada e resumidas no Quadro 2.2 não espelham a realidade atual nem as suas origens. Como mostrado no Capítulo 2, o que se denomina sistema japonês ou oriental teve sua origem no Ocidente e foi valorizado pelo Movimento de Relações Humanas e pelos estudos sobre qualidade, ambos desenvolvidos em território ocidental. Foi ao ser transladado para o Japão do pós-guerra que ele adquiriu uma importância sem precedentes e muito das suas características atuais. Esse tipo de sistema encontra-se difundido no mundo todo, o que mostra não se tratar de algo exclusivo ao ambiente japonês. Dada sua difusão universal e dupla origem, talvez sua melhor definição seja *sistema de sugestões participativo*, em que o adjetivo *participativo* denota uma de suas características essenciais.

Quanto ao sistema de sugestões que os textos acadêmicos definem como tradicional, ocidental ou norte-americano, a primeira dessas denominações seria a mais correta, pelos mesmos motivos supracitados. Porém, observa-se uma variante desse sistema, que aqui será denominada *sistema de sugestões remuneradas*. Embora o atrativo proporcionado pela remuneração seja o que induz à geração de idéias, essa variante difere do sistema de sugestões tradicional. O sistema tradicional relaciona-se apenas com sugestões que trazem benefícios econômicos

Quadro 6.1
Resumo dos sistemas de sugestões estudados

Característica	BRASILATA	WEG	SUZANO
Foco do sistema	• Canal de comunicação de duas vias entre funcionários, chefias e diretoria • Melhoria contínua	• Desenvolvimento do potencial humano • Ambiente de trabalho saudável • Melhoria contínua	• Estímulo à geração de idéias criativas • Melhoria contínua
Mensuração do sucesso do sistema de sugestões	Número de idéias por pessoa e de idéias implantadas	Idéias por grupo e idéias implantadas	Retorno financeiro mensurável ou não
Foco da gestão	Envolvimento de todos os funcionários	Constituição e gestão de pequenos grupos	Alto desempenho
Tipo do sistema de sugestões	Sistema participativo orientado para pessoas	Sistema participativo orientado para grupos	Sistema de sugestões remuneradas

mensuráveis, pois quando surgiu, no século XIX, esse era seu objetivo, e a visão de benefícios para a empresa não contemplava outra perspectiva que não fosse algo medido em valores monetários. Como visto no caso do Programa Click, também se remuneram idéias que contribuem para melhorar o ambiente da organização e não se relacionam diretamente com ganhos econômicos mensuráveis. A inclusão desse tipo de idéia é coerente com o estágio atual de valorização dos ativos intangíveis.

O Quadro 6.2 apresenta uma nova classificação dos sistemas de sugestões, levando em conta as características observadas nos três casos de sucesso relatados. Como podemos ver, o sistema de sugestões remuneradas exibe aspectos totalmente aderentes ao sistema tradicional, mas incorpora algumas mudanças significativas, tais como a geração de idéias sem retorno financeiro e limites no valor das recompensas.

O Projeto Simplificação da Brasilata é totalmente aderente ao sistema japonês orientado para pessoas, doravante denominado *sistema de sugestões participativo orientado para pessoas*, já que seus objetivos fundamentais são a melhoria do clima organizacional, mediante a ampliação da comunicação, e o envolvimento de todos os funcionários, atuando como instrumento de educação e acúmulo de conhecimentos. O número de sugestões é considerado um indicador importante a ponto de compor o *balanced score card* dessa companhia*. A meta de 100 idéias

---

* Entre os diversos indicadores do *balance score card* da Brasilata, no item pessoas, está fixada a meta de 100 idéias por funcionário/ano.

Quadro 6.2
Sistemas de sugestões: nova classificação

Tipo de sistema/ características	Sugestões remuneradas	PARTICIPATIVO	
		Orientado para grupos	Orientado para pessoas
Objetivo	Estimular a geração de idéias que gerem benefícios econômicos, bem como contribuições à melhoria do ambiente de trabalho e das relações com as partes interessadas.	Estimular a melhoria contínua por meio de grupos com ações localizadas em seus setores específicos de trabalho. Promover a educação permanente de todo o pessoal mediante o acúmulo gradual de pequenos conhecimentos.	Estimular a geração de idéias por meio da ampliação da comunicação e do relacionamento entre o pessoal interno e entre este e a diretoria. Promover a educação permanente de todo o pessoal mediante o acúmulo gradual de pequenos conhecimentos.
Número de idéias geradas	Alguma importância; mais importantes, porém, são os resultados econômicos e a relação entre benefícios obtidos e prêmios concedidos.	Muito importante, pois é um indicador de participação. O declínio do número de sugestões é sempre visto com preocupação, pois sinaliza refluxo da participação.	
Participantes	Participação do maior número possível de empregados, independentemente das funções que exercem e dos cargos que ocupam.		
Recompensa	Premiações em dinheiro compatíveis com o impacto da idéia para os objetivos da empresa, limitadas a certo valor máximo. Assim, não há relação direta entre a recompensa e o ganho proporcionado à empresa. São conferidos prêmios às idéias com retornos não mensuráveis.	Premiações simbólicas. A recompensa econômica é coletiva, obtida pela estabilidade do emprego, situação econômica favorável que permite distribuir lucros e resultados, promover oportunidade de crescimento profissional, ampliar os benefícios sociais e manter um ambiente de trabalho que faça da empresa um bom lugar para trabalhar.	
Normas que regem o sistema	Sistema regido por normas complexas e detalhadas, com muitas restrições, etapas e critérios para aferir os resultados. Os critérios diferem conforme a idéia seja com ou sem retorno financeiro mensurável.	Sistema regido por normas simples, a serem aplicadas de forma descentralizada a todas as áreas da organização, por meio de grupos formalmente constituídos.	Sistema regido por normas simples e pouco detalhadas, a serem aplicadas de forma descentralizada a todas as áreas da organização, por meio de pessoas.

Continua

Quadro 6.2 (continuação)
Sistemas de sugestões: nova classificação

Tipo de sistema/ características	Sugestões remuneradas	PARTICIPATIVO	
		Orientado para grupos	Orientado para pessoas
Aprovação das sugestões	O responsável pelo processo, produto ou serviço a que a idéia se aplica. Essa pessoa pode não ser o avaliador da idéia.	As chefias gozam de autoridade para aprovar e implantar as sugestões de seus subordinados aplicáveis ao respectivo setor.	
Gestão do sistema	Centralizada nos gerentes, encarregados de aprovar as idéias, calcular os benefícios líquidos e implantá-las.	Centralizada no líder do grupo.	Descentralizada, envolvendo pessoas de todas as áreas e níveis da organização.

Fonte: Elaboração própria, com base em vários autores citados neste texto e nos resultados da presente pesquisa.

por funcionário/ano – atualmente, o índice mínimo aceitável – não se encontra com facilidade fora do Japão. Quase todos os funcionários participam regularmente do projeto. A aprovação das idéias normalmente é atribuição da chefia imediata, a gestão do sistema é descentralizada e as normas são simples. O sistema contém uma característica muito peculiar aos sistemas de sugestões do tipo japonês: a recompensa aos autores das sugestões é simbólica, e não vinculada ao ganho obtido. O benefício econômico é coletivo, representado pela distribuição de 15% do lucro líquido da companhia e pelo compromisso de não-demissão.

O sistema de Círculo de Controle de Qualidade da WEG apresenta as características típicas de um sistema japonês orientado para grupos. Por se tratar de um sistema formal de grupos, ele não capta as idéias muito pequenas, de menor expressão, razão pela qual o número delas não pode ser comparado ao de um sistema orientado para pessoas. Todavia, o número de idéias é também um fator importante, pois indica o envolvimento dos empregados e uma gestão capaz de motivá-los. As normas gerenciais são simples, embora menos do que seriam se o sistema em apreço fosse orientado para pessoas. O modelo da WEG é relativamente descentralizado, pois há diversas questões que todos os círculos devem seguir, e sua atuação é acompanhada de perto pela Seção de Apoio ao CCQ e pelas chefias da seção e do departamento em que estão localizados. Também nesse caso a premiação é simbólica, com a recompensa econômica representada pela distribuição de 12,5% do lucro líquido da empresa – distribuição essa que não é proporcional aos salários, pois inclui metas para a unidade e o departamento.

O programa Click da Bahia Sul apresenta-se fortemente vinculado ao sistema de sugestões remuneradas. Dentre seus objetivos explícitos está o ganho de produtividade, o que justifica o fato de a recompensa ao autor da idéia estar atrelada ao ganho obtido – uma das características mais significativas desse tipo de sistema. Nele, as normas gerenciais contêm certa dose de complexidade, envolvendo muitas etapas e pessoas, o processo de avaliação requer análises e cálculos complexos e a gestão é centralizada. O sistema admite idéias que não gerem benefícios econômicos, contanto que produzam ganhos significativos para o clima organizacional; ademais, não estabelece limites para o número de idéias geradas, sendo válida qualquer idéia que possa contribuir para a solução de um problema. À diferença de um sistema tradicional, a recompensa ao colaborador não é exatamente proporcional ao ganho que sua sugestão trará à empresa, sendo que o limite máximo estabelecido para as idéias aprovadas é relativamente baixo (R$ 20.000,00). Isso faz com que a relação entre as recompensas pagas aos autores das idéias e os retornos obtidos pela empresa seja elevada, na proporção de 1 para 25,7, respectivamente. Por último, mas não menos importante, o número de idéias (1,9 por funcionário/ano) é elevado para os padrões dos sistemas tradicionais, que giram em torno de 0,2 idéia por funcionário/ano. O Click remunera os geradores de idéias, mas as idéias passíveis de premiação não precisam necessariamente trazer retornos econômicos mensuráveis, como é típico dos sistemas tradicionais em sua formulação mais original (ver Quadro 2.1). É por tais motivos que o programa em apreço foi classificado como sistema de sugestões remuneradas.

Convivência de sistemas diferentes

A experiência da Brasilata permite afirmar que é possível conviverem em uma mesma empresa, sob a mesma orientação básica, dois sistemas de sugestões participativos. Embora o sistema da Brasilata seja tipicamente orientado para pessoas, a prática tem mostrado que a grande maioria das idéias é gerada por grupos informais, como mostra a Tabela 3.5. Observa-se nessa empresa a formação de grupos relativamente estáveis como geradores de idéias, o que está em consonância com as considerações a respeito da segunda fase da gestão do conhecimento. Com efeito, como mostra McElroy, a primeira geração da gestão do conhecimento focaliza o fornecimento de conhecimentos existentes, enquanto a segunda está voltada para a demanda de conhecimentos e a capacidade de produzi-los. O autor também constata que a segunda geração toma o conhecimento como resultado de processos de auto-organização em torno da produção, organização e uso dos conhecimentos[119].

Quando os dois sistemas possuem orientações diferentes, como é o caso na WEG, a convivência entre ambos, embora possível, é pouco produtiva. Essa empresa conta com um sistema baseado em grupos formais, os CCQs, e outro baseado em pessoas. Embora sejam ambos do tipo participativo, há pouca relação entre eles. Enquanto o primeiro é altamente produtivo em matéria de inovações, o segundo pouco contribui para isso. Os grupos tendem a selecionar as idéias mais importantes, de modo que as inovações que promovem são mais exigentes em termos técnicos, conferindo-lhes um *status* diferenciado em relação àqueles que estão de fora. Mesmo que possam captar as idéias de seus colegas de seção, seu modo de atuar é semelhante ao do modelo do funil apresentado no capítulo inicial, pois apenas algumas idéias irão ser selecionadas para ser desenvolvidas. Além disso, o mais provável é que sejam escolhidas as idéias dos membros do grupo, até porque eles acabam se habituando a prestar mais atenção aos problemas de maior gravidade. Com isso, tendem a desestimular as iniciativas dos demais funcionários, mesmo que haja meios estruturados para isso.

Não há convivência pacífica entre um sistema de sugestões participativo e um sistema tradicional – ou mesmo de sugestões remuneradas, que guarda algumas semelhanças com o participativo (ver Quadro 6.1) – porque este acaba por aniquilar aquele. A remuneração pecuniária das idéias aprovadas é um atrativo tão forte que inibe a geração de idéias guiada por uma perspectiva exclusivamente participativa. Assim, para a empresa que adota um sistema do tipo tradicional ou de sugestões remuneradas, a passagem para um sistema participativo pode ficar inviabilizada pela expectativa dos ganhos proporcionados pelo sistema de recompensa. O mesmo não ocorre se a transição for do sistema participativo para o remunerado. A escolha do sistema a ser adotado pela organização não é, pois, tarefa fácil e desprovida de conseqüências graves; trata-se, pode-se dizer, de uma decisão estratégica, uma vez que envolve a organização como um todo, mobilizando recursos e gerando expectativas, sendo que a reversão para um outro sistema demanda tempo, recursos e muita turbulência.

Inovações incrementais × inovações radicais

O presente estudo permite contrariar a tese, defendida por certos autores prestigiados pela comunidade empresarial internacional (citados no Capítulo 2), de que as inovações incrementais são inimigas das inovações radicais ou de elevado grau de novidade para o mercado. De fato, as sugestões em sua maioria se destinam a produzir melhorias em produtos, serviços, processos e ambientes de trabalho e se enquadram na categoria de inovações incrementais, permitindo às empresas apresentar desempenhos elevados em matéria de eficiência operacional de curto prazo. Entretanto, dada a grande quantidade de inovações desse tipo surgidas a todo instante, essas melhorias passam a ser contínuas, o que mantém as empresas competitivas o tempo todo.

Mas não se trata apenas disso. As pequenas idéias são mais facilmente defensáveis, pois, como mostram Robinson e Schroeder, por serem pequenas, as empresas concorrentes encontrarão maiores dificuldades para copiá-las, ao passo que as grandes idéias podem ser prontamente reproduzidas ou superadas pela concorrência. Como dizem esses autores, a tendência das pequenas idéias é permanecer com seus criadores, pois a concorrência dificilmente é capaz de identificá-las e, quando consegue, elas lhe são de pouca valia, já que resultam de situações específicas inerentes ao ambiente que as criou[120]. Outra questão importante, apesar de quase sempre negligenciada, diz respeito ao fato de que grandes idéias podem surgir, e com freqüência surgem, em meio a muitas pequenas idéias. Esse fato foi observado nas empresas pesquisadas.

Segundo o Fórum de Inovação da Escola de Administração de Empresas de São Paulo, da FGV, uma inovação, genericamente considerada, seria definida pela seguinte equação:

$$\text{inovação} = \text{idéia} + \text{implementação} + \text{resultados},$$

de modo que ela está condicionada à presença dos três termos do segundo membro da equação. Ou seja, à falta de um deles, não há inovação. Disso resulta outra característica importante das inovações de qualquer tipo: o importante é que novas idéias sejam implementadas e produzam resultados positivos para a empresa, a sociedade e o meio ambiente. O tamanho da inovação ou seu grau de novidade são irrelevantes. Assim, no limite, poderíamos considerar as melhorias, por menores que sejam, inovações incrementais. Dito de outro modo, as melhorias contínuas, elementos básicos de todos os sistemas de gestão da qualidade, são, na realidade, inovações incrementais realizadas de modo sistemático e constante. Constrói-se, dessa forma, uma ponte entre o Movimento da Qualidade e o estudo da inovação. Os textos sobre inovação não precisariam mais banir as melhorias contínuas, apenas adaptar-se para incorporá-las.

A título de exemplo, os modelos de inovação que utilizam a representação de um funil, como mostram as Figuras 1.2, 1.3 e 1.5, precisariam ser revistos. A idéia de um funil para representar a ocorrência de muitas idéias e o aproveitamento de poucas não seria totalmente adequada, uma vez que, em um funil real, todo o líquido que entra sai. Com efeito, a função do funil é direcionar o fluxo e controlar a sua velocidade, mas tudo o que entra pela boca passa pelo gargalo, como mostra a Figura 6.1a. Na verdade, o funil da inovação pressupõe filtros nos quais são analisadas as relações custo-benefício do investimento no novo projeto. Esses filtros separam os projetos considerados mais viáveis sob diversos critérios, como tempo, recursos disponíveis, resultados esperados, etc., de modo que muitas idéias são geradas e poucas são aproveitadas. A Figura 6.1b ilustra esse novo olhar sobre o modelo do funil de inovação, em que as idéias não-aproveitadas também saem do funil, mas por outras aberturas que dão para um sumidouro de idéias. Muitas destas poderão retornar em outros momentos e passarão por novas avaliações. Ora, nas melhorias contínuas ou inovações incrementais não existe esse tipo de restrição. Por serem inovações de pouca monta, o investimento é muito pequeno, assim como o risco. Em virtude disso, a maioria das idéias pode ser implantada, como ocorre na Brasilata, onde 90% das 105.400 idéias apresentadas em 2006 foram implementadas[121].

O modelo do funil para o caso das inovações incrementais apresenta uma seção de entrada, a boca do funil, praticamente igual à de saída e apenas um

106 Gestão de idéias para a inovação contínua

A Funil: tudo o que entra sai

B Modelo de inovação baseado no funil: entram muitas idéias, mas poucas são aproveitadas

Idéias

Fase 1: geração de idéias e desenvolvimento conceitual

1º Filtro
Fase 2: detalhamento e análise das melhores idéias

2º Filtro
Fase 3: desenvolvimento das idéias aprovadas

Sumidouro de idéias não-aproveitadas

Inovações

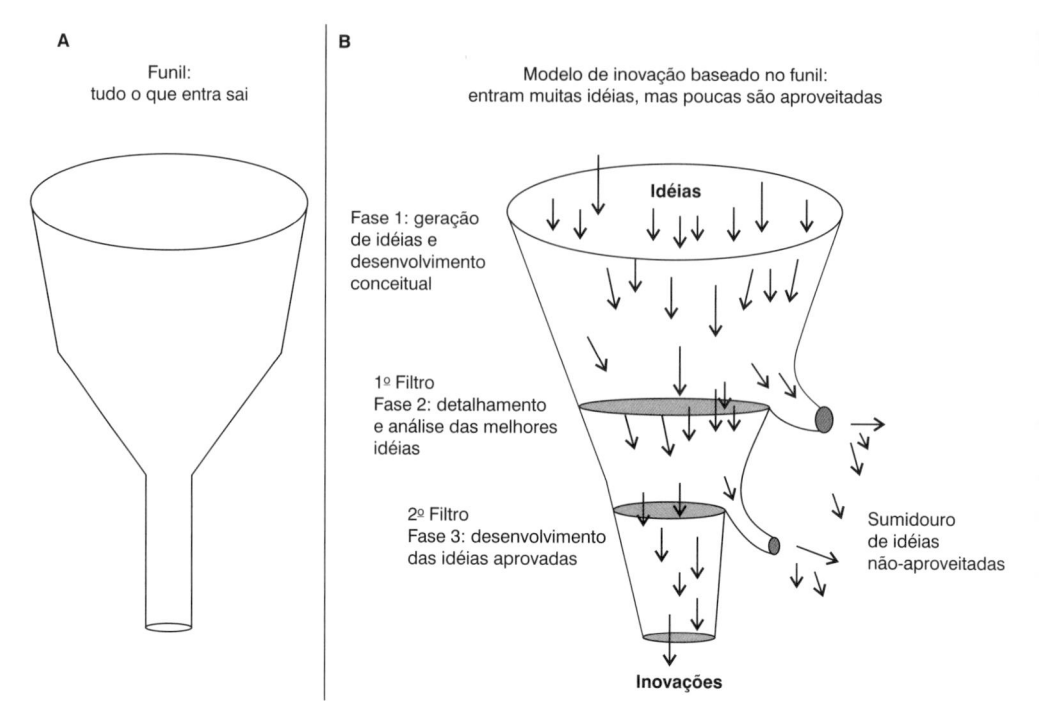

Figura 6.1
Processo de inovação: modelo do funil revisto.

único filtro, como representado na Figura 6.2. Entre as muitas idéias geradas, algumas são especiais em matéria de novidade, complexidade técnica e resultados, razão pela qual serão tratadas de modo diferente, como exemplificado pelo Fechamento Plus da Brasilata, comentado no Quadro 3.1. Os sistemas de sugestões participativos, conforme comentamos no início deste capítulo e resumimos no Quadro 6.2, constituem fontes de idéias para esse modelo de inovação incremental. As inovações resultantes dos sistemas de sugestões remuneradas, como o Programa Click, normalmente seguem o modelo da Figura 6.1b, pois, nesse caso, as idéias a ser implantadas passam por um processo de seleção com base na relação custo-benefício e nas possibilidades orçamentárias para remunerar os geradores de idéias, sendo esse um dos filtros do funil.

Cabe lembrar que os sistemas de sugestões não são as únicas fontes de inovações incrementais – há muitas outras, conforme indicamos no Capítulo 1 e exemplificamos no Quadro 1.1, p. 30. Além disso, mesmo empresas sem sistemas de sugestões realizam inovações incrementais cujas idéias surgem tanto do exercício de atividades rotineiras de produção e comercialização, pois muitas sugestões de melhorias ocorrem pelo simples fato de se estar fazendo alguma

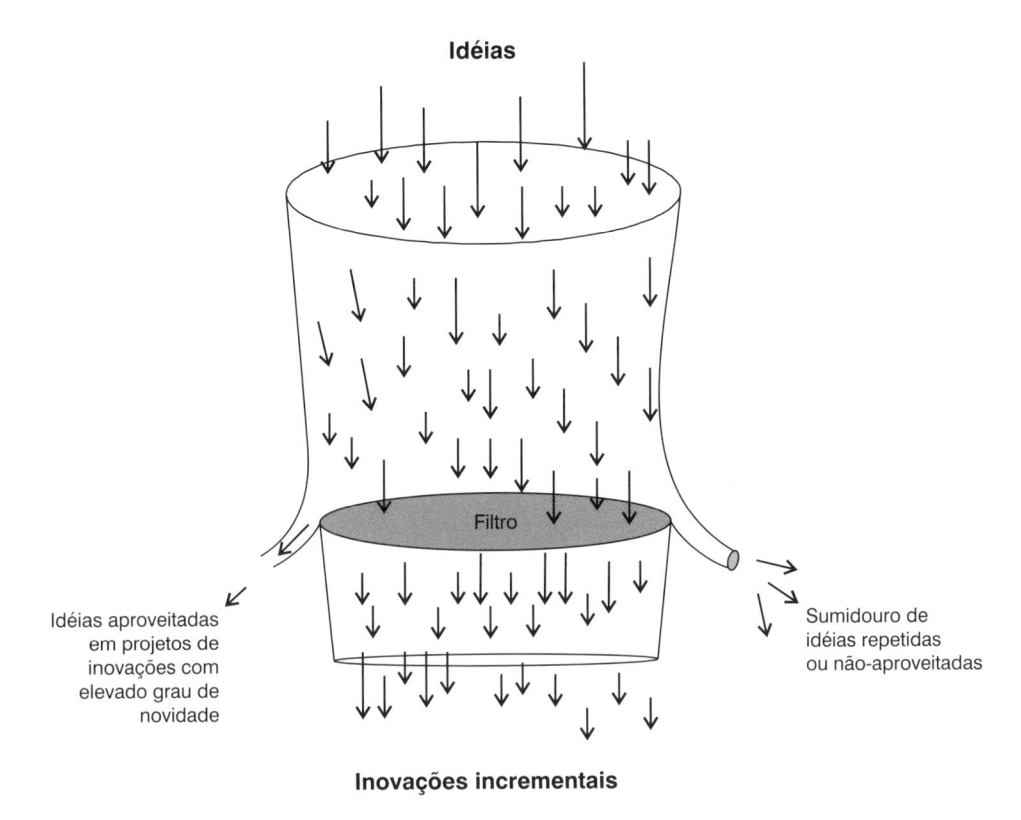

Figura 6.2
Modelo de inovação baseado em sistemas de sugestões participativos.

coisa com atenção, quanto de atividades específicas, como as análises do processo produtivo para suprimir operações desnecessárias ou realizá-las de modo mais eficiente.

Como mostrado nos capítulos anteriores, as empresas estudadas apresentaram também um elevado desempenho em inovações com elevado grau de novidade. A Brasilata é uma empresa que fugiu do destino reservado às que atuam no setor de embalagem de metais, cuja atualização tecnológica é tradicionalmente feita mediante tecnologia embutida em máquinas, equipamentos e outros insumos produtivos. O movimento de patenteação dessa empresa é elevado não só para os padrões das empresas de seu setor, mas em termos gerais. Poucas são as companhias brasileiras com movimento semelhante – não só em quantidade, mas em qualidade, pois ter patentes concedidas pelo órgão de patentes norte-americano, o US Pattent and Trademark Office (USPTO), notório pelo rigor com que analisa os pedidos de patentes, é uma métrica usada internacionalmente para avaliar a eficiência de uma novidade. Outra evidência desse elevado desempenho é o movimento de licenciamento internacional de patentes, como mostramos no Capítulo 3.

A Suzano Papel e Celulose também gerou inovações com elevado grau de novidade, êxito igualmente estranho aos produtores de *commodities*. O papel Reciclato é um caso de inovação de sucesso com elevado grau de novidade em diversas dimensões, como podemos observar no resumo do Quadro 6.3. Ainda que o Reciclato não tenha resultado de idéias sugeridas pelo Programa Click, este contribui com sugestões para melhorar sua qualidade e reduzir seus custos, mantendo o produto competitivo em sua faixa de mercado. A manutenção de um quadro de pessoal receptivo às inovações é um benefício dos sistemas de sugestões que faz com que a empresa aposte em novidades de maior vulto, pois sabe que com o tempo elas serão buriladas e aperfeiçoadas. A WEG destina recursos expressivos às atividades específicas de P&D, as quais alcançaram 2,4% de sua receita operacional líquida em 2006, correspondente a um montante de R$ 73 milhões. A Siemens, cujo programa 3i foi em grande parte o inspirador do Programa Click, está entre as empresas que mais investem em P&D e aparece sempre entre as primeiras do *ranking* mundial em número de patentes concedidas. Ademais, ocupa o primeiro lugar em patenteação na Alemanha, o segundo no órgão europeu de patentes e figura entre os 10 primeiros colocados nos Estados Unidos[122].

Em todas as empresas analisadas, verificou-se que os programas de sugestões convivem com as atividades de P&D ou desenvolvimento de produtos praticadas por pessoal especializado e voltadas para a produção de invenções que gerem inovações com maior novidade em relação aos produtos e processos que substituem. Trata-se, podemos dizer, de organizações ambidestras, conforme as definem Tushman e O'Reilly III, citados no Capítulo 2. Em outras palavras, as empresas pesquisadas realizam com sucesso inovações portadoras de elevado grau de novidade para os setores e mercados em que atuam, bem como inovações incrementais de modo contínuo, obtendo com isso vantagens competitivas de longo prazo, por meio de inovações de vulto, e de curto prazo, por meio de inovações incrementais constantes que elevam sua eficiência produtiva continuamente.

Problemas típicos

Um dos principais problemas para o sucesso dos sistemas de sugestões refere-se à sua capacidade de gerar idéias continuamente. No caso dos sistemas do tipo participativo, a quantidade de idéias geradas é um indicador de sucesso muito importante, ao passo que nos sistemas de sugestões remunerados ela importa menos que os retornos econômicos ou a relação entre os benefícios obtidos e os prêmios concedidos. No entanto, seja qual for o tipo de sistema adotado, após a geração das idéias várias questões problemáticas requerem muita atenção por parte de seus gestores.

Quadro 6.3
Papel Reciclato (resumo)

Conciliar inovação radical com inovações de melhoria contínua é uma atividade que a Suzano vem desempenhando com sucesso. A título de exemplo, a empresa foi a primeira no Brasil a produzir papel com celulose 100% ECF (*Elemental Clorine Free*), que substituiu o cloro elementar, substância química de grande impacto ambiental, pelo oxigênio no processo de branqueamento da celulose. A companhia inovou também na implementação de práticas de manejo sustentado e na observância a padrões internacionais de tratamento de efluentes. Outra inovação importante, por sua repercussão e grau de novidade, é um papel produzido em escala industrial e 100% reciclado, denominado comercialmente Reciclato. A partir dele, mudou-se totalmente o conceito de papéis *offset*. Por suas características diferenciadas de atributos físicos e sua contribuição socioambiental, o Reciclato inovou radicalmente em um mercado caracterizado por *commodities* e com pouca ou nenhuma diferenciação.

Analisando a cadeia de suprimentos do Reciclato, percebemos os benefícios sociais agregados, uma vez que a parcela de aparas pós-consumo (25%) provém de papel utilizado pelos centros urbanos e reutilizado em função de ações de coleta seletiva por catadores de papel organizados em cooperativas. Vale ressaltar que esses papéis coletados representam 24% do total do lixo urbano da cidade de São Paulo, segundo dados do Cempre. Como parte da matéria-prima do Reciclato provém do lixo, e as grandes cidades têm justamente no lixo um grave problema ambiental, a Suzano firmou parceria com a Coopamare, uma cooperativa de catadores de lixo estabelecida na capital paulista. A cidade de São Paulo produz diariamente cerca de 15 mil toneladas de lixo; como grande parte do material enviado aos aterros sanitários é reciclável, ele poderia retornar às indústrias como matéria-prima e, assim, poupar recursos naturais como água, petróleo, energia elétrica, minerais, celulose, etc.

Em 2006, havia 74 cooperativas de catadores, com mais de 3 mil cooperados, que recebem pelas aparas coletadas um valor em torno de 50% acima do que pagariam os atravessadores que compram os materiais de catadores de rua. Com isso, os catadores cooperados recebem um adicional significativo em sua renda mensal, equivalente a praticamente dois salários mínimos, além de outras formas de apoio. Mas os benefícios socioambientais do Reciclato não acabam aí: parte de sua renda é destinada ao instituto Ecofuturo, organização não-governamental criada pela Suzano em dezembro de 1999 com o objetivo de promover práticas coerentes com as propostas de desenvolvimento sustentável no país, apoiando comunidades carentes e outras formas de atuação que impulsionem a inclusão social e a preservação do meio ambiente.

O mercado consumidor reagiu de maneira favorável ao Reciclato. Quando de seu lançamento, em março de 2001, a estimativa de consumo no mercado brasileiro era de 480 toneladas/ano, sendo que até então só havia papéis reciclados importados e muito caros, o que inibia o crescimento do mercado. Em 2001, a Suzano sozinha adicionou no mercado brasileiro um total de 727 toneladas de Reciclato, chegando a mais de 50 mil toneladas em 2006, o que corresponde a 4% do seu faturamento. Graças a essa inovação, passaram a usar 100% de papel reciclado diversas organizações, tais como a Natura, o Bradesco e o Banco Real.

Fonte: Dados da Suzano Papel e Celulose. Para informações sobre material reciclado e lixo, ver *Cempre informa*. Dados de materiais recicláveis, São Paulo, fev. 2007. Para mais informações sobre o papel Reciclato, ver Rodrigues, Ivete *et al.*, 2006.

Uma dessas questões diz respeito à transparência do processo de avaliação e dos critérios de aprovação das idéias, pois todos os colaboradores receberão em algum momento, que, como vimos, não deve demorar demasiado, uma carta comunicando se sua idéia foi ou não aprovada. A não-aprovação sempre causa algum tipo de frustração – frustração que no entanto será menor ou nula se os critérios de seleção forem claros, conhecidos de todos e bem argumentados para cada caso específico. Tratando-se de sistemas de sugestões remuneradas, como há recompensas pecuniárias que requerem um processo de avaliação complexo, como ilustrado pelo Programa Click, é conveniente definir previamente o que não será considerado uma sugestão elegível para o sistema. Por exemplo, indicar expressamente que só serão admitidas para análise idéias inéditas, alinhadas, que contribuam para alcançar os objetivos da empresa, não façam parte das atribuições do cargo e não constituam reivindicações. Como o excesso de restrições é desestimulante, convém relacionar apenas as mais óbvias, como as citadas, abrindo a possibilidade para examinar casos omissos. Estabelecida uma restrição, deve-se cuidar para que não seja burlada. A título de ilustração, imaginemos alguém que, não podendo apresentar certa idéia por ser esta uma atribuição de seu cargo, solicita a um colega que o faça em seu lugar, com o propósito de repartir o prêmio entre ambos.

No caso dos sistemas participativos, toda idéia é válida, mesmo as tolas, repetitivas e inócuas, pois o que se pretende é manter um canal de comunicação bastante aberto com todos os funcionários. A tolerância ao erro é importante como forma de não inibir as iniciativas. Mas isso não pode ser encarado de forma absoluta. É preciso evitar o que o diretor-superintendente da Brasilata denomina *síndrome do rato*, aludindo ao problema que Oswaldo Cruz enfrentou quando da campanha contra a peste bubônica na cidade do Rio de Janeiro. Como a caça ao rato era recompensada por ser o animal um transmissor da peste, começaram a ocorrer fraudes como, por exemplo, caçar ratos em outros lugares e até mesmo criá-los para aumentar a recompensa[123]. No caso de um sistema de sugestões, a síndrome do rato se caracteriza pela prática de gerar problemas para depois sugerir soluções, ou replicar uma sugestão relativa a um problema de determinado setor da organização em todos os setores em que o mesmo problema ocorre.

O tempo de resposta é outro fator fundamental em qualquer dos dois sistemas participativos. Processos pendentes ou estoques de idéias não-avaliadas são deficiências graves. Respostas demoradas desencorajam novas iniciativas, como ficou claro no caso da Brasilata antes da ação preventiva. Fixar prazos para concluir o processo é particularmente problemático no sistema remunerado, pelo fato de requerer um processo mais complexo, com muitas etapas por envolver premiação monetária baseada em benefícios líquidos. Essa complexidade pode ser percebida na Figura 5.1, referente ao Programa Click. Prazos longos são desestimulantes; prazos curtos são convites para não cumpri-los. Os avaliadores são pessoas com atribuições específicas, de modo que a avaliação das idéias tem de disputar prioridade com as atividades específicas de seu cargo, não raro levando a pior. Nesse tipo de sistema pode ser necessário incluir também algum tipo de recompensa aos avaliadores, pois o fator motivador básico do sistema é a recompensa individualizada. Nos sistemas participativos, a fixação de prazos pode se tornar um problema grave, sobretudo diante do crescimento do número de idéias, algo sempre desejado e estimulado. Ocorrendo demoras sistemáticas, uma solução plausível é aumentar o prazo de resposta.

Outro problema típico refere-se à implantação das idéias aprovadas. Também nesse aspecto a demora pode ser algo desanimador. Independentemente do sistema adotado, as pessoas querem ver suas sugestões implementadas. Trata-se de um prêmio à auto-estima. A regra é implantar todas as idéias aprovadas. Ocorre que também essa medida esbarra em problemas semelhantes ao da avaliação supracitada. A dificuldade é muito mais grave nos sistemas remunerados, pois significa prejuízos para a empresa, uma vez que são feitos desembolsos de recursos na forma de prêmios pagos aos autores, mas as expectativas de benefícios, que serviram de base para os cálculos, podem não se concretizar. Vale lembrar que após a seleção da idéia, como mencionado no Capítulo 1, o padrão de tolerância deve ser menor, pois há recursos envolvidos e expectativas de resultados. O monitoramento das implementações deve fazer parte da gestão do sistema.

Outra situação problemática concerne à necessidade de tratar confidencialmente o desenvolvimento de certas idéias aprovadas, em virtude de seus impactos sobre a competitividade da empresa. Sob esse aspecto, as dificuldades são menores no sistema de sugestões remuneradas e maiores nos sistemas participativos, sendo que, dentre os últimos, os orientados por pessoas são os que apresentam maiores dificuldades, haja vista serem abertos a todos e qualquer um poder inteirar-se do que o outro está sugerindo. Regras de confidencialidade são de pouca valia, quando não verdadeiros empecilhos. Com efeito, discussões entre colegas sobre oportunidades de melhorias são comuns, até desejáveis, nos sistemas participativos, fazendo parte do meio interno inovador. Se a sugestão exigir um tratamento confidencial, independentemente do valor envolvido, deverá ser tratada como tal a partir de seu desenvolvimento.

Na fase de desenvolvimento, a tolerância ao erro não deve ser a mesma, visto que há recursos alocados. Essa dupla postura é apontada por diversos autores, alguns dos quais citados neste livro[124]. Do ponto de vista gerencial, não se trata de encontrar um ponto de equilíbrio entre duas posturas opostas, mas lidar com ambas em sua plenitude, algo sem dúvida desafiador. A necessidade de dar um tratamento diferenciado após a seleção de idéias deve ficar clara a todos. Um sistema de sugestões enquanto programa de educação continuada favorece a solução desse problema, mas não de modo automático e uniforme para todos os funcionários. A atenção individualizada muitas vezes será requerida para superar as dificuldades que as pessoas enfrentam para conviver com orientações antagônicas, ainda que se refiram a situações distintas.

Propriedade industrial

Uma questão problemática a pairar sobre qualquer sistema de sugestões diz respeito à apropriação das idéias concebidas dentro das relações de trabalho. A regra básica vigente na maioria das legislações de propriedade industrial, no que se refere às patentes, inclusive a brasileira, estabelece que a invenção pertence ao inventor, a não ser que este tenha sido explicitamente contratado para inventar ou realizar atividades de P&D e correlatas. Nesse ultimo caso, tem-se o que se denomina *invenção de serviço*, ou seja, invenções que resultam das atividades para as quais o empregado foi contratado. Já a invenção concebida pelo empregado sem vinculação com os termos constantes do contrato e sem qualquer contribuição do empregador é denominada *invenção livre* e pertence ao empregado.

Entre esses dois extremos encontra-se a invenção que não é nem de serviço, porque não decorre de uma missão inventiva prevista no contrato de trabalho, nem livre, porque conta com alguma participação do empregador, que disponibiliza, por exemplo, tempo, informações, materiais, gabaritos, etc. Esse é o tipo de invenção normalmente verificado nos sistemas de sugestões. Embora não sejam as idéias invenções propriamente ditas, conforme mostrado no início deste texto, seu desenvolvimento para efeito de implementação pode caracterizá-las como tal, segundo a orientação legal dominante.

A Lei 9.279, de 1996, que regula a propriedade industrial no Brasil,[125] estabelece três hipóteses para as invenções ocorridas dentro das relações de trabalho, conforme resume o Quadro 6.3. A invenção ou modelo de utilidade pertencerá exclusivamente ao empregador quando decorrer de contrato de trabalho cuja execução ocorra no Brasil e tenha como objeto a pesquisa ou a atividade inventi-

Quadro 6.4
Invenções realizadas por empregados de acordo com a legislação brasileira

Hipóteses	Tipo de invenção	Titularidade	Artigo da Lei 9.279/96
1. O contrato de trabalho ou de prestação de serviço tem por objeto a realização de pesquisas ou atividades inventivas	Invenção de serviço	Empregador	Art. 88 e 89
2. Invenção desvinculada do contrato e sem qualquer contribuição do empregador	Invenção livre	Empregado	Art. 90
3. Invenção desvinculada do contrato, mas com a contribuição do empregador	Invenção mista	Co-propriedade	Art. 91

Fonte: Lei 9.279, de 1996, que regula a propriedade industrial.

va, ou resulte esta da natureza dos serviços para os quais foi o empregado contratado. Nesse caso, a retribuição pelo trabalho limita-se ao salário ajustado entre as partes, salvo expressa disposição contratual em contrário. As invenções livres pertencem ao empregado, não podendo ser de outra maneira, porque para sua obtenção a empresa não contribuiu em nada. Para essas duas hipóteses, a legislação brasileira está em sintonia com a posição dominante.

O Art. 91 da Lei 9.279/1996 cria a figura da *invenção mista*, uma vez que se encontra no meio-termo entre invenções de serviço e invenções livres. Ocorrendo essa hipótese, a lei citada prevê que a propriedade da invenção ou do modelo será comum, em partes iguais, quando resulte da contribuição pessoal do empregado e de recursos, dados, meios, materiais, instalações e equipamentos do empregador, ressalvada expressa disposição contratual em contrário. A referida lei estabelece que ao empregador será assegurado o direito exclusivo de licença de exploração da patente e ao empregado uma justa remuneração. Havendo mais de um empregado inventor, a parcela que lhes couber será dividida em partes iguais, salvo ajuste em contrário. Caso não haja acordo entre os titulares da patente, sua exploração deverá ser iniciada pelo empregador dentro de um ano, a contar da data da concessão da patente, sob pena de passar ao empregado a titularidade exclusiva, a menos que haja causas legítimas que retardem tal exploração. Em caso de cessão dos direitos de propriedade, cada um dos co-titulares poderá exercer o direito de preferência.

Com relação a essa hipótese, a legislação brasileira destoa da solução aplicada pela maioria esmagadora dos países – ou seja, caminha em sentido oposto à tendência geral consolidada. A tendência dominante é evitar a co-propriedade entre empregador e empregado, em face dos conflitos que esse tipo de relação pode acarretar. Por isso, pouquíssimos países – nenhum dos quais importantes em matéria de tecnologia e desenvolvimento econômico – adotam a co-propriedade[126]. Tratando-se de propriedade industrial, a co-propriedade entre patrão e empregado, por ser uma fonte permanente de conflitos, acaba funcionando como um desestímulo às atividades criativas. Ela cria uma situação de exceção dentro da empresa, em que o inventor é ao mesmo tempo empregado e sócio de seu empregador, ainda que apenas quanto aos resultados da exploração da invenção, cabendo os investimentos e os riscos exclusivamente ao empregador. Poderá o empregado ver suas pretensões frustradas se a empresa não estiver interessada na invenção. Nesse caso, embora lhe caiba o direito de preferência para adquirir a parte do empregador, o mais provável é que o exercício desse direito não se traduza em vantagens para o empregado. Este passará a ter todos os problemas típicos de um inventor isolado que possui uma patente, mas que não dispõe de um sistema produtivo e de canais de distribuição, sendo obrigado a gastar tempo e sola de sapato para encontrar e convencer uma empresa ou um investidor interessado. Eis as principais razões por que os países mais importantes em matéria de produção de conhecimentos técnicos e científicos já não a contemplam em suas legislações de patentes. Um sistema de incentivos pode ser melhor para ambas as partes.

Se alguém que não foi contratado com a *missão de inventar* acabar inventando algo de interesse para a empresa a partir de recursos e informações por ela disponibilizados, nada mais correto que lhe atribuir uma parcela dos ganhos que a empresa vier a obter com a exploração da invenção, como faz o Programa Click, ou uma remuneração distribuída de modo generalizado por meio de vários acordos, como não-demissão, participação nos lucros, entre outros benefícios, como fazem a WEG e a Brasilata. Essa é uma solução muito mais proveitosa que a co-propriedade, pois, ao mesmo tempo em que incentiva a criatividade dos empregados, evita conflitos entre empregado e empregador e entre diferentes categorias de funcionários. Além disso, a co-propriedade pode provocar situações embaraçosas e desestimulantes para os empregados da unidade de P&D, pois, enquanto estes apenas recebem seus salários, com ou sem remuneração extra pelas invenções que concebem, outros empregados poderão receber, além do salário, parcela do lucro resultante da exploração de seus inventos.

Fatos como esses podem se tornar freqüentes com as novas posturas administrativas que procuram envolver todos os integrantes da organização e seus fornecedores em um esforço contínuo para produzir e comercializar bens e serviços que atendam às expectativas dos seus clientes ou usuários. Uma das idéias básicas que orientam essa nova concepção administrativa é a da realização de melhorias contínuas e sistemáticas em todas as instâncias da empresa, mediante a participação de todos os seus integrantes e colaboradores, para atender às demandas de qualidade, preço e variedade de produtos com a rapidez e a confiabilidade das entregas que o atual padrão de competitividade exige. E isso só pode ocorrer efetivamente com o envolvimento de todos os integrantes da empresa e de seus colaboradores. Em outras palavras, todos os funcionários passam a ter uma *missão inventiva*: uns, por dever de ofício, como é o caso dos pesquisadores da unidade de P&D e correlatos, e os demais, porque estarão sendo estimulados a participar dos processos de inovações das mais variadas formas, por meio de sugestões que poderão ser transformadas em invenções, modelos de utilidades ou melhorias técnicas.

A co-propriedade da invenção mista já estava presente na legislação brasileira desde 1943, na Consolidação das Leis do Trabalho[127], foi incluída no Código da Propriedade Industrial de 1945, manteve-se nos códigos que o sucederam e continua a viger pela Lei 9.279/96. Trata-se, ao que parece, de um pensamento arraigado no legislador brasileiro, pois situação semelhante observamos na Lei de Proteção de Cultivares[128]. Felizmente, a lei que trata da proteção da propriedade intelectual de programas de computador e sua comercialização no país não repetiu o mesmo equívoco de manter a co-propriedade para os direitos relativos aos programas computacionais desenvolvidos e elaborados durante a vigência de contrato[129].

O desuso da co-propriedade entre empregado e empregador no âmbito das invenções e modelos de utilidade é análogo ao que ocorreu com a sociedade de capital e indústria, como estabelecia o Código Comercial[130], até ser extinto pela Lei 10.406/02, que instituiu o atual Código Civil. Como muito bem observou Requião em um renomado texto sobre direito comercial, esse tipo de sociedade tornara-se muito raro no Brasil e em outras partes, sendo que diversos países, como a França e a Itália, já não o contemplavam. Conforme as palavras desse autor,

> o antigo sócio de indústria é hoje substituído pelo empregado altamente qualificado, em cujo contrato de trabalho se inserem cláusulas de participação nos lucros, ajustando-se a idéia de sociedade[131].

Cabe lembrar, contudo, que a participação dos empregados nos lucros das empresas padeceu de problemas legais relacionados com a composição do salário, conforme estabelece a Consolidação das Leis do Trabalho[132]. O Enunciado 251 do Tribunal Superior do Trabalho (TST) previa que "as parcelas de participação nos lucros das empresas, habitualmente pagas, têm natureza salarial para todos os efeitos legais". Entre os problemas decorrentes desse entendimento, pode-se citar a obrigação das empresas que distribuíam lucros a seus empregados de continuar a distribuí-los mesmo quando estivessem operando com prejuízo – daí um dos motivos por elas alegados para não cumprir uma determinação que já estava contemplada desde a Constituição de 1946. Com a nova regulamentação dessa matéria, o Enunciado 251 foi cancelado em 1994 pelo Tribunal Superior do Trabalho, abrindo-se finalmente o caminho para a participação dos empregados nos lucros das empresas[133].

Para não haver conflitos típicos da co-autoria, é necessário que nos contratos de trabalho de todos os funcionários se contemple, entre suas atribuições, a realização de atividades inventivas de modo que se enquadrem na primeira hipótese. Com isso, todas as invenções decorrentes das sugestões aventadas ficariam enquadradas como invenções de serviço. A Lei 9.279, de 1996, abre a possibilidade de evitar a co-propriedade, por meio de disposição em contrário, expressamente citada no contrato de trabalho. Para evitar o problema da co-propriedade, o contrato de trabalho deve conter essa ressalva, ou seja, deve relacionar expressamente a atividade inventiva entre as atribuições dos funcionários para as quais foram contratados. Com isso, todos passam a ter uma missão inventiva.

Considerações finais

Os casos analisados mostram que as idéias geradas pelos sistemas de sugestões via de regra produzem inovações incrementais, sendo essa uma das razões da pouca atenção que lhes é dispensada nos livros e artigos sobre gestão da inovação, mais interessados em inovações radicais. As estratégias baseadas em inovações incrementais ganharam inimigos de peso na última década do século passado, conforme mostramos. Seja como for, as críticas nesse sentido não são totalmente desprovidas de razão, pois esse tipo de inovação volta-se preferentemente para as atividades que estão sendo executadas no momento, a fim de que sejam executadas da melhor forma e com menor custo, ao passo que as ameaças mais graves para as empresas estão associadas às inovações radicais, que introduzem novos produtos, modificam o modo de competir ou criam novos setores econômicos. Ambos os tipos de inovações são fundamentais para que as empresas se mantenham competitivas, como mostrado no Capítulo 2. A curto prazo, as organizações precisam ser eficientes no que fazem, e as inovações incrementais cumprem um papel importante nesse aspecto. A longo prazo, a competitividade depende de inovações portadoras de grandes novidades em matéria de produtos, mercados, negócios e processos de gestão. Os sistemas de sugestões contribuem para ambos os propósitos, embora a maioria das sugestões que geram se relacione às inovações incrementais, que aumentam a eficiência no curto prazo.

A pesquisa evidenciou a existência de uma série de sugestões geradoras de benefícios econômicos importantes e de longo prazo, muitas delas trazendo novidades significativas. A título de exemplo, na unidade de Mucuri da Suzano, uma única idéia gerada pelo Programa Click proporcionou um retorno financeiro anual de R$ 644.824,80, valor nada desprezível. Outras idéias acabam produzindo inovações radicais, como observamos na Brasilata, algo sempre possível na medida em que a quantidade pode levar a um salto de qualidade, conforme a conhecida lei da dialética. Esses fatos fazem cair por terra as críticas de que a melhoria contínua seja um fator inibidor da inovação radical. O fato mais importante, porém, é que tais sistemas, quando bem concebidos e operados, contribuem para manter um meio inovador interno receptivo a todo tipo de inovação de que a organização necessita para se manter competitiva.

Ao longo da presente obra, procuramos evidenciar que os sistemas de sugestões são mais efetivos quando associados às estratégias empresariais. Na Suzano Papel e Celulose, o sistema de sugestões está alinhado ao objetivo de alcançar a excelência empresarial por meio da busca de elevados padrões de qualidade, produtividade e atenção ao meio ambiente – isso em uma empresa de *commodities* inserida num mercado em que pequenas reduções de perdas podem significar ganhos significativos devido à escala de produção. Para uma empresa focada em produção seriada como a WEG, os Círculos de Controle da Qualidade, que são sistemas de sugestões baseados em grupos, melhoram continuamente seus produtos, que resultam de inovações permanentes para atender às necessidades específicas de clientes espalhados por todo o mundo, haja vista o volume de recursos destinados às atividades de P&D, que só em 2006 representaram 2,4% de sua receita operacional líquida. A Brasilata elegeu a inovação como elemento central de sua estratégia de competitividade, tendo como base o próprio sistema de sugestões. Isso lhe permite neutralizar as limitações típicas de uma empresa média atuante em um setor maduro, altamente competitivo, com baixas margens e dependente de tecnologias definidas pelos fornecedores de máquinas, equipamentos e insumos produtivos.

A busca de inovação por parte das empresas pesquisadas tem sido uma constante. Parece óbvio que essa busca comece pela obtenção de recursos, normalmente governamentais, para a contratação de centros de pesquisa, cientistas e para a implantação de laboratórios. Não há dúvida de que isso seja importante; porém, segundo vários autores, o recurso mais valioso de que uma organização pode se valer para inovar é a capacidade empreendedora dos seus funcionários, que não devem temer o novo. Assim, para que a inovação floresça, é necessário um ambiente adequado. Gundling, em seu livro sobre a 3M – empresa que vê na inovação um fator não apenas de competitividade, mas também de identidade corporativa –, afirma que a inovação não chega por meio de uma bala de prata ou de uma pílula mágica, mas é fruto de um ambiente complexo[134]. Com efeito, é o ambiente interno da empresa inovadora o responsável por motivar o espírito empreendedor, que em outras palavras significa espírito inovador. Esse espírito envolve necessariamente as pessoas; afinal, o cérebro e a sensibilidade humanos constituem a mãe de todas as fontes de novas idéias. Eggon João da Silva, um dos fundadores da WEG, afirma que

> quando faltam máquinas, você as pode comprar, se não tiver dinheiro pode pedir emprestado; mas homens você não pode comprar ou pedir emprestado, e homens motivados por uma idéia são a base do êxito*.

Os programas de sugestões têm o mérito de incentivar o empreendedorismo dos funcionários e, com isso, estimular o ambiente interno para as mudanças. As sugestões dos funcionários quase sempre terão um viés incrementalista, mesmo nos sistemas remunerados e muito mais nos participativos, o que não representa perigo algum às inovações radicais ou de ruptura, como podemos observar nas empresas pesquisadas. Ao contrário do que tem sido divulgado, a inovação incremental não só não é inimiga da inovação radical, como normalmente faz parte de um processo que permite o seu surgimento. Dessa forma, os sistemas de sugestões podem ser propulsores de um processo para construir esse ambiente complexo que permite à organização a produção sustentável de inovações. O Fórum de Inovação da FGV-EAESP denomina esse ambiente *meio inovador interno*. A Brasilata, a WEG e a Bahia Sul tiveram a fortuna de tê-lo desenvolvido, certamente com o auxílio de seus diferentes sistemas de sugestões.

---

* Frase proferida por Eggon João da Silva, constante à página de abertura do livro de Apolinário Ternes ora citado.

Referências

1. DRUCKER, F. P. *Inovação e espírito empreendedor*. São Paulo: Pioneira, 1986.

2. IMAI, M. *Kaizen*: a estratégia para o sucesso competitivo. São Paulo: IMAM, 1998.

3. JAPAN HUMAN RELATIONS ASSOCIATION. *Kaizen Teian 1*: developing systems for continuous improvement through employee suggestions. Portland: Productivity, 1992.

4. BARBIERI, J. C.; ÁLVARES, A. C. T. *O retorno dos sistemas de sugestão*: abordagens, objetivos e um estudo de caso. Rio de Janeiro: Cadernos EBAPE, 2005. Edição Especial.

5. TOSI, L. T.; RIZZO, J. R.; CARROLL, S. J. *Managing organizational behavior*. 3rd ed. Cambridge: Blackwell, 1994.

6. O'TOOLE, J.; LAWLER III, E. E. *The new american workplace*. New York: Palgrave Macmillan, 2006.

7. HARMAN, W.; HORMANN, J. *O trabalho criativo*. São Paulo: Cultrix, 1993.

8. ISHIKAWA, K. *Controle de qualidade total à maneira japonesa*. Rio de Janeiro: Campus, 1993.

9. LIKER, J. K.; MEIER, D. *The Toyota way fieldbook*. New York: McGraw-Hill, 2006. Publicado pela Bookman Editora no ano 2007 sob o título Manual de Aplicação do Modelo Toyota.

10. DERTOUZOZ, M. L.; LESTER, R. K.; SOLOW, R. M. *Made in America*: regaining the competitive edge. Cambridge: MIT, 1989.

11. WHEATLEY, M. J. We are all innovators. In: HESSELBEIN, F.; GOLDSMITH, M.; SOMERVILLE, I. (Eds.). *Leading for Innovation*. San Francisco: Jossey-Bass, 2002.

12. GEUS, A. *A empresa viva*. Rio de Janeiro: Campus, 1998.

13. GEUS, A. *A empresa viva*. Rio de Janeiro: Campus, 1998.

14. DRUCKER, F. P. *Administração*: tarefas, responsabilidades, práticas. São Paulo: Pioneira, 1975.

15. DRUCKER, F. P. *Uma era de descontinuidade*. Rio de Janeiro: Zahar, 1974.

16. DRUCKER, F. P. *Sociedade pós-capitalista*. São Paulo: Pioneira, 1993.

17. NONAKA, I.; TAKEUCHI, H. *The knowledge-creating company*. New York: Oxford University, 1995.

18. NONAKA, I.; TAKEUCHI, H. *The knowledge-creating company*. New York: Oxford University, 1995.

19. KROGH, G. V.; ICHIJO, K.; NONAKA, I. *Enabling knowledge creation*. New York: Oxford University, 2000.

20. KROGH, G. V.; ICHIJO, K.; NONAKA, I. *Enabling knowledge creation*. New York: Oxford University, 2000.

21. BARBIERI, J. C.; ÁLVARES, A. C. T. *O retorno dos sistemas de sugestão*: abordagens, objetivos e um estudo de caso. Rio de Janeiro: Cadernos EBAPE, 2005. Edição Especial.

22. BARBIERI, J. C.; ÁLVARES, A. C. T. *O retorno dos sistemas de sugestão*: abordagens, objetivos e um estudo de caso. Rio de Janeiro: Cadernos EBAPE, 2005. Edição Especial.

23. ÁLVARES, A. C. T. et al. Análise comparativa entre os dois casos e considerações finais. In: BARBIERI, J. C. (Org.). *Organizações inovadoras*: estudos e casos brasileiros. Rio de Janeiro: FGV, 2003.

24. ÁLVARES, A. C. T. et al. Análise comparativa entre os dois casos e considerações finais. In: BARBIERI, J. C. (Org.). *Organizações inovadoras*: estudos e casos brasileiros. Rio de Janeiro: FGV, 2003.

25. DEWEY, J. *Logic*: the theory of inquiry. New York: Holt, Rinerhart & Winston, 1938.

26. JAPAN HUMAN RELATIONS ASSOCIATION. *O livro das idéias*: o moderno sistema japonês de melhorias e o envolvimento total dos funcionários. Tradução Leny Belon Ribeiro. Porto Alegre: Artes Médicas, 1997.

27. ROGERS, E. M. *Diffusion of innovations*. 4th ed. New York: The Free, 1995.

28. VAN DE VEN, A. H.; ANGLE, H. L.; POOLE, M. S. *Research on the management of Innovation*: the Minnesota studies. Oxford: Oxford University, 2000.

29. ROBERTS, E. B. *Managing invention and innovation*: what we've learned. The human side of managing technological innovation: a collection of readings. Oxford: Oxford University, 1997.

30. AFUAH, A. *Innovation management: strategies, implementation and profits*. Oxford: Oxford University, 1998.

31. GUNDLING, E. *The 3M way to innovation*. New York: Kodanska America, 2000. 247 p.

32. FREEMAN, C.; SOETE, L. *The economics of industrial innovation*. Londres: Penguin Book, 1997.

33. STOKES, D. E. *O quadrante de Pasteur*: a ciência básica e a inovação tecnológica. Campinas: UNICAMP, 2005.

34. SCHMOOKLER, J. *Invention and economic growth*. Cambridge: Harvard University, 1966.

35. COOPER, R. G.; KLEINSCHIMIDT, E. J. Winning businesses in product development: the critical success factors. *Research Technology Management*, v. 39, n. 4, p. 18-29, jul.-ago. 1996.

36. ROTHWELL, R. Successful industrial innovation: critical factors for the 1990s. *R&D Management*, v. 22, n. 3, p. 221-239, jul. 1992.

37. LYIANAGE, S.; GREENFILED, P. F.; DON, R. Toward a fourth generation R&D management model-research networks in knowledge management. *International Journal of Technology Management*, v. 18, n. 3-4, p. 372-393, 1999.

38. BOOZ, ALLEN & HAMILTON INC. Management of new products. In: ROTHEBERG, R. R. (Ed.). *Corporate strategy and product innovation*. New York: The Free, 1981 (Obs.: Artigo publicado pela primeira vez em 1968, pela Booz, Allen & Hamilton Inc.).

39. STEVENS, Greg. A.; BURLEY, James. 3,000 raw ideas = 1 commercial success! *Research. Technology Management*, p. 16-27, May-Jun. 1997.

40. KOEN, P. E.; KOHLI, P. Idea generation: who has the most profitable ideas. *Engineering Management Journal*. v. 10, n. 4, p. 35-41, Dec. 1998.

41. WEST, A. *Innovation strategy*. New Jersey: Prentice Hall, 1992.

42. GORDON, W. J. J. *Synectics*: the development of creative capacity. New York: Harper, 1961.

43. Da VINCI, L. *Cuadernos de notas*. Madrid: Edmat Libros, 2004.

44. JAPAN HUMAN RELATIONS ASSOCIATION. *O livro das idéias*: o moderno sistema japonês de melhorias e o envolvimento total dos funcionários. Tradução Leny Belon Ribeiro. Porto Alegre: Artes Médicas, 1997.

45. YASUDA, Y. *40 years, 20 million ideas*: the Toyota suggestion system. Portland: Productivity, 1991.

46. FORD, H. *Minha vida e minha obra*. Tradução de Silveira Bueno. São Paulo: Cia. Graphico-Editora Monteiro Lobato, 1925.

47. YASUDA, Y. *40 years, 20 million ideas*: the Toyota suggestion system. Portland: Productivity, 1991.

48. YASUDA, Y. *40 years, 20 million ideas*: the Toyota suggestion system. Portland: Productivity, 1991.

49. YASUDA, Y. *40 years, 20 million ideas*: the Toyota suggestion system. Portland: Productivity, 1991.

50. YASUDA, Y. *40 years, 20 million ideas*: the Toyota suggestion system. Portland: Productivity, 1991.

51. OHNO, T. *Toyota production system*: beyond large-scale production. Portland: Productivity, 1988. Publicado pela Bookman Editora no ano de 1997 sob o título O Sistema Toyota de Produção, além da produção em larga escala.

52. OHNO, T. *Toyota production system*: beyond large-scale production. Portland: Productivity, 1988. Publicado pela Bookman Editora no ano de 1997 sob o título O Sistema Toyota de Produção, além da produção em larga escala.

53. YASUDA, Y. *40 years, 20 million ideas*: the Toyota suggestion system. Portland: Productivity, 1991.

54. YASUDA, Y. *40 years, 20 million ideas*: the Toyota suggestion system. Portland: Productivity, 1991.

55. OHNO, T. *Toyota production system*: beyond large-scale production. Portland: Productivity, 1988. Publicado pela Bookman Editora no ano de 1997 sob o título O Sistema Toyota de Produção, além da produção em larga escala.

56. IMAI, M. *Kaizen*: a estratégia para o sucesso competitivo. São Paulo: IMAM, 1998.

57. SCHURING, R; LUIJTEN, H. Reinventing suggestion systems for continuous improvement. *International Journal of Technology Management*, v. 22, n. 4, p. 359-372, 2001.

58. YASUDA, Y. *40 years, 20 million ideas*: the Toyota suggestion system. Portland: Productivity, 1991.

59. IMAI, M. *Kaizen*: a estratégia para o sucesso competitivo. São Paulo: IMAM, 1998.

60. YASUDA, Y. *40 years, 20 million ideas*: the Toyota suggestion system. Portland: Productivity, 1991.

61. JAPAN HUMAN RELATIONS ASSOCIATION. *Kaizen Teian 1*: developing systems for continuous improvement through employee suggestions. Portland: Productivity, 1992.

62. IMAI, M. *Kaizen*: a estratégia para o sucesso competitivo. São Paulo: IMAM, 1998.

63. IMAI, M. *Kaizen*: a estratégia para o sucesso competitivo. São Paulo: IMAM, 1998.

64. IMAI, M. *Kaizen*: a estratégia para o sucesso competitivo. São Paulo: IMAM, 1998.

65. BÖHMERWALD, P. *Gerenciando o sistema de sugestões*. Belo Horizonte: Fundação Cristiano Ottoni, 1996.

66. JAPAN HUMAN RELATIONS ASSOCIATION. *Kaizen Teian 1*: developing systems for continuous improvement through employee suggestions. Portland: Productivity, 1992.

67. GODFREY, A. B. *Creativity, innovation and quality*. Juran Institute, Inc. Series of satellite broadcast presentation, Feb. 2003.

68. BÖHMERWALD, P. *Gerenciando o sistema de sugestões*. Belo Horizonte: Fundação Cristiano Ottoni, 1996.

69. IMAI, M. *Kaizen*: a estratégia para o sucesso competitivo. São Paulo: IMAM, 1998.

70. OUCHI, W. *Teoria Z*: como as empresas podem enfrentar o desfio japonês. São Paulo: Nobel, 1986.

71. BASADUR, M. Managing creativity: a Japanese model. In: KATS, R. *The human side of managing technological innovation*: a collection of readings. Oxford: Oxford University, 1997.

72. BONACHE, J. The international transfer of an idea suggestion system: against radical relativism in international human resource management. *International Studies of Management and Organization*, v. 29, n. 4, p. 24-44, winter 2000.

73. MOWERY, D; ROSENBERG, N. *Technology and the pursuit of economic growth*. New York: Cambridge, 1989.

74. HELLWING, H. Differences in competitive strategies between the United States and Japan. *IEEE Transaction Engineering Management*, v. 39, n. 1, p. 77-78, Fev.1992.

75. PETERS, T. *O círculo da inovação*: você não deve evitar o caminho para o seu sucesso. São Paulo: Harbra, 1998.

76. TUSHMAN, M.; O'REILLY III, C. A. *Winning through innovation*. New Jersey: Prentice-Hall, 1998.

77. TUSHMAN, M.; O'REILLY III, C. A. *The ambidextrous organization*. Harvard Business Review, April, 2004.

78. BOER, H.; GERTSEN, F. From continuous improvement to continuous innovation: a (retro)(per)spective. *International Journal of Technology Management*, v. 26, n. 8, 2003, p. 805-827.

79. HAMEL, G. O espírito do Vale do Silício. *HSM Management*, São Paulo, n. 20, p. 130-140, maio-jun. 2000.

80. SABATO, J. A; MACKENZIE, M. *Tecnologia e estrutura produtiva*. São Paulo: Instituto de Pesquisas Tecnológicas do Estado de São Paulo, 1981.

81. LLOYD, G. C. Stuff the suggestion box. *Total Quality Management*, v. 10, n. 6, p. 869-875, 1999.

82. ALVARES, A. C. T. Participação nos lucros definida pelos resultados. *Revista de Administração de Empresas*, São Paulo, v. 39, n. 4, p. 70-77, out.-dez. 1999.

83. OHNO, T. *Toyota production system*: beyond large-scale production. Portland: Productivity, 1988. Publicado pela Bookman Editora no ano de 1997 sob o título O Sistema Toyota de Produção, além da produção em larga escala.

84. CANMAKER. New Trim Rim Can stirs up paint industry. *Surrey*, England, July, 1990.

85. BÖHMERWALD, P. *Gerenciando o sistema de sugestões*. Belo Horizonte: Fundação Cristiano Ottoni, 1996.

86. FLAHERTY, J. Management: bosses make cost consultant out of blue-collar worker. *The New York Times*, New York, 18 abr. 2001.

87. AYTAC, S. E. Lean manufacturing as a human-centered approach for manufacturing system design. *Estiem Summer Academy*, Eger, Hungary, 2003.

88. GODFREY, A. B. *Creativity, innovation and quality*. Juran Institute, Inc. Series of satellite broadcast presentation, Feb. 2003.

89. YASUDA, Y. *40 years, 20 million ideas*: the Toyota suggestion system. Portland: Productivity, 1991.

90. JAPAN HUMAN RELATIONS ASSOCIATION. *The improvement engine: creativity innovation through employee involvement.* Potland: Productivity, 1995.

91. NONAKA, I; TAKEUCHI, H. *Criação de conhecimento na empresa*: como as empresas japonesas geram a dinâmica da inovação. Rio de Janeiro: Campus, 1997.

92. McELROY, M. W. *The new knowledge management*: complexity, learning and sustainable innovation. Elsevier Science, 2003.

93. MARQUIS, D. G. The anatomy of successful innovation. In: ROTHEBERG, R. R. (Ed.). *Corporate strategy and product innovation*. New York: The Free, 1981.

94. BELL, M.; PAVITT, K. Technological accumulation and industrial growth: contrast between developed and developing countries. *Industrial and Corporate Change*, v. 2, n. 2, p. 157-211. 1993.

95. TERNES, A. *WEG*: 36 anos de história. Porto Alegre: Pallotti, 1977.

96. WEG S/A. *Relatório anual de 2005*. Jaraguá do Sul: WEG S/A, 2005.

97. WEG S/A. *Relatório anual de 2006*. Jaraguá do Sul, WEG S/A, 2007.

98. WEG S/A. Relatório da administração. *Gazeta Mercantil*, seção A-5, São Paulo, 14 fev. 2007.

99. WEG S/A. *Relatório anual de 2005*. Jaraguá do Sul: WEG S/A, 2005.

100. WEG S/A. *Relatório anual de 2006*. Jaraguá do Sul, WEG S/A, 2007.

101. WEG S/A. *Relatório anual de 2005*. Jaraguá do Sul: WEG S/A, 2005.

102. WEG S/A. Relatório da administração. *Gazeta Mercantil*, seção A-5, São Paulo, 14 fev. 2007.

103. IMAI, M. *Kaizen*: a estratégia para o sucesso competitivo. São Paulo: IMAM, 1998.

104. JAMES, P. *Total quality management:* an introduction. New Jersey: Prentice Hall, 1996.

105. FEIGENBAUM, A. V. *Total quality control*. New York: McGraw-Hill, 1986.

106. FEIGENBAUM, A. V. *Total quality control*. New York: McGraw-Hill, 1986.

107. HARTLEY, J. R. *Engenharia simultânea*: um método para reduzir prazos, melhorar a qualidade e reduzir custos. Porto Alegre: Bookman, 1998.

108. WEG S/A. *Manual do CCQ 2005*. Jaraguá Sul: WEG, 2002.

109. WEG S/A. *Manual do CCQ 2005*. Jaraguá Sul: WEG, 2002.

110. WEG S/A. *Círculo de controle de qualidade*: o que se deve saber. Jaraguá Sul: WEG, 2002.

111. JAPAN HUMAN RELATIONS ASSOCIATION. *Kaizen Teian 2 - guiding continuous improvement through employee suggestions.* Portland: Productivity, 1992b. p. 104.

112. WEG S/A. *Círculo de controle de qualidade*: o que se deve saber. Jaraguá Sul: WEG, 2002.

113. WEG S/A. *Círculo de controle de qualidade*: o que se deve saber. Jaraguá Sul: WEG, 2002.

114. WEG S/A. *Círculo de controle de qualidade*: o que se deve saber. Jaraguá Sul: WEG, 2002.

115. WEG S/A. *Manual do CCQ 2005*. Jaraguá Sul: WEG, 2002.

116. WEG S/A. *Manual do CCQ 2005*. Jaraguá Sul: WEG, 2002.

117. WEG S/A. *Manual do CCQ 2005*. Jaraguá Sul: WEG, 2002.

118. REVISTA EXAME. Disponível em: <www.exame.com.br>. Acesso em: 05 fev. 2007.

119. McELROY, M. W. *The new knowledge management*: complexity, learning and sustainable innovation. Elsevier Science, 2003.

120. ROBINSON, A. G.; SCHROEDER, D. M. *Idéias para revolucionar sua vida*. Gente, 2005

121. BRASILATA S.A. *Relatório interno da empresa.* São Paulo: Brasilata/Diretoria, 2006.

122. SIEMENS. A linha mestra da invenção. In: SIEMENS.O mundo Siemens. Jan. 2007.

123. FRAGA, C. *Vida e obra de Oswaldo Cruz*. Rio de Janeiro: Fiocruz, 2005.

124. CLARK, K. B.; WHEELWRIGHT, S. C. *Managing new product and process development*: text and cases. New York: The Free, 1993, p. 293.

125. BRASIL. Lei nº 9.279, de 15 de maio de 1996. Regula os direitos e obrigações relativos à propriedade industrial. Brasília, 15 maio 1996.

126. FEKETE, E. E. K. A relação entre emprego e empregador à luz da nova lei de propriedade industrial. In: SEMINÁRIO INTERNACIONAL DE INOVAÇÃO, 1º dez.1998. Porto Alegre, Anais....Porto Alegre, Ministério da Indústria, Comércio e Turismo e Federação e Centro das Indústrias do Rio Grande do Sul, 1998.

127. BRASIL. Decreto-lei nº 5.452, de 1º de maio de 1943. Consolidação das leis do trabalho. Rio de Janeiro, D.O.U., 9 ago. 1943.

128. BRASIL. Lei nº 9.456, de 25 de abril de 1997. Institui a Lei de Proteção de Cultivares e dá outras providências. Brasília, 25 maio 1997.

129. BRASIL. Lei nº 9.609, de 19 de fevereiro de 1998. Dispõe sobre a proteção de propriedade intelectual de programa de computador, sua comercialização no país, e dá outras providências. Brasília, D.O.U., Seção I, 20 fev. 1998.

130. BRASIL. Lei nº 556, de 25 de julho de 1850. Código Comercial. Rio de Janeiro, CLB de 1850.

131. REQUIÃO, R. *Curso de Direito Comercial*. 23. ed. São Paulo: Saraiva, 1998.

132. BRASIL. Decreto-lei nº 5.452, de 1º de maio de 1943. Consolidação das leis do trabalho. Rio de Janeiro, D.O.U., 9 ago. 1943.

133. ALVARES, A. C. T. Participação nos lucros definida pelos resultados. *Revista de Administração de Empresas*, São Paulo, v. 39, n. 4, p. 70-77, out.-dez. 1999.

134. GUNDLING, E. *The 3M way to innovation*. New York: Kodanska America, 2000. 247 p.

Outras referências consultadas

BAHIA SUL. *Chegou a hora de dar o seu click*: criatividade e inovação. Mucuri, Bahia: Bahia Sul, [s/d]. Documento interno.

BRASIL. Lei nº 10.406, de 10 de janeiro de 2002. Institui o Código Civil. Brasília, D.O.U., 11 jan. 2002.

BRASILATA S.A. *Projeto Simplificação*: manual de procedimentos. São Paulo: Brasilata/ Diretoria, 23. jul. 2003.

COMPROMISSO EMPRESARIAL PARA A RECICLAGEM (Cempre). *Cempre informa. Dados de materiais recicláveis*, São Paulo, fev. 2007.

COOPER, R. G; KLEINSCHIMIDT, E. T. *An investigation into new product process*: steps, deficiencies and impacts. Journal of Product Innovation Management. v. 3, n. 2, p. 71-85, jun, 1986.

De BONO, E. *El pensamiento lateral*: manual de creatividad. Bracelona: Paidós, 1996.

RODRIGUES, I. et al. Estratégias de gestão ambiental nas empresas: análise de um projeto interinstitucional. In: RABECHINI, Roque Jr.; CARVALHO, Marly Monteiro (Orgs.). *Gerenciamento de projetos na prática*: casos brasileiros. São Paulo: Atlas, 2006.

WEG S/A. *Manual de implantação do CCQ*. Jaraguá do Sul, WEG, [s/d].

WEG S/A. *Preparação para membros e líderes de CCQ*. Jaraguá do Sul, WEG, [s/d].

Índice

Círculos de controle da qualidade, 73-82
   celebrações, 81
   empresa, 73-74
   sistema de sugestões, 75-77
      gestão do, 78-80
         fases de implantação de um CCQ, 80
      idéias geradas e aprovadas, 77
      número de idéias geradas, 77
      números de CCQs, 77
Click *Ver* Programa de inovação e criatividade

Idéias, 21-40
   fontes de, 30-33
      características principais, 32
      tipos, 32
   geração de, 33-39
      métodos estruturados, 38-39
      pensamento lateral, 35
      pensamento vertical, 35
Invenções, 21-40

Modelos de inovação, 24-30
   geração de idéias em diferentes modelos de inovação, 24-30
      inovação vista como um rio e seus afluentes, 27
      linear combinado, 26
      lineares, 25
      não-seqüencial, 28
      seqüencial × não seqüencial, 29
      sete fases de Cooper, 23

Programa de inovação e criatividade, 83-98
   idéias com retorno financeiro mensurável, 87-91
      fatores de avaliação das idéias, 87
      inovação com idéia gerada pelo programa click, 91
      processo de avaliação do click, 89
      valores de referência, 88
   idéias com retorno financeiro não mensurável, 91-98
      análise qualitativa da idéia, 92
      avaliação, 96
      critérios para a análise de, 94
      equivalência de pontos em valores, 95
      exemplos, 93, 97
   empresa, 83-85

sistema de sugestões, 85-87
   gestão do, 85-87
Programas *Ver* Sistemas de sugestões
Projeto simplificação, 53-72
  celebrações, 71-72
  empresa, 53-55
    fechamento plus, 56
    gestão do, 66-71
      avaliação de idéias, 68
      consulta de idéias, 70
      entrada do inventor no sistema, 69
      envio de idéias pelo sistema, 69
      número de pedidos de patentes, 71
      realização das consultas, 69
    idéia nº SP-37.096: furador acoplado, 64
    idéia nº SP-43.109: mudança de leiaute de prensas, 64
    idéias não-atendidas, 59
    idéias por funcionário, 57-58
    idéias por funcionário/ano, 60
    número de idéias por ano, 62
    número de participantes por idéia em 2006, 66
    total de idéias, 57-58
  sistema de sugestões, 55

Sistemas de sugestões, 41-52
  abordagens dominantes, 44-49
    variantes do sistema de sugestões tradicional, 45-46
    resumo das abordagens dominantes, 49
  críticas, 50
  novos tipos, 99-115
    Brasilata, 99
    convivência entre sistemas diferentes, 103-104
    inovações incrementais, 104-107
      modelo baseado em sistemas participativos, 107
      modelo funil revisto, 106
      papel reciclado, 109
    inovações radicais, 104-107
    nova classificação, 101-102
    problemas típicos, 108-111
    propriedade industrial, 112-115
      invenções realizadas por empregados, 112
  objeções, 50
  Suzano, 99
  WEG, 99

Gráfica
METRÓPOLE

www.graficametropole.com.br
comercial@graficametropole.com.br
tel./fax + 55 (51) 3318.6355